21世纪高等学校计算机教育实用规划教材

数据库原理及应用

学习指导与上机实验
——SQL Server 2012

胡艳菊 编著

U0314950

清华大学出版社

北京

内 容 简 介

本书是《数据库原理与应用 SQL Server 2012》(胡艳菊、申野编著,清华大学出版社)的配套教材。每章都由学习目标、知识脉络图、重点难点解析、典型例题讲解、课后题解析和小结组成。用图表表示的知识点,逻辑关系清楚,言简意赅,分为普通知识点、重点知识点和难点知识点,典型例题精练、深入,课后习题全部给出详尽答案,所有操作类题目都尽量配给准确的代码、操作截图和电子版的数据源供学习参考。因此本书亦可作为单独学习的数据库图书,或者课下配套练习的同步学习指导书。

全书共分 3 篇:第 1 篇(第 1～3 章)为原理篇,解决数据库系统构建的历史背景、原理和理论基础部分知识点及应用问题;第 2 篇(第 4～13 章)为应用篇,着重解决使用 SSMS 创建数据库、SQL 语言语法、视图、事务、存储过程、触发器等高级数据库对象在 SQL Server 2012 中使用的知识点及应用问题;第 3 篇(第 14 章)为开发篇。书后附录部分给出了 SQL Server 最新版——SQL Server 2016 的基础介绍以及 SQL Server 2000 到 SQL Server 2016 的主要数据库特性对照表。

本书既可作为高等院校计算机、软件工程专业高年级本科生、研究生的辅助教材,同时也可作为计算机专业开发人员、广大科技工作者和研究人员参考的工具书。

图书在版编目(CIP)数据

数据库原理及应用学习指导与上机实验:SQL Server 2012/胡艳菊编著.—北京:清华大学出版社,2017

(21 世纪高等学校计算机教育实用规划教材)

ISBN 978-7-302-45830-2

Ⅰ.①数…　Ⅱ.①胡…　Ⅲ.①关系数据库系统—高等学校—教学参考资料　Ⅳ.①TP311.138

中国版本图书馆 CIP 数据核字(2016)第 280451 号

责任编辑:魏江江　王冰飞
封面设计:常雪影
责任校对:白　蕾
责任印制:沈　露

出版发行:清华大学出版社
　　　　网　　　址:http://www.tup.com.cn,http://www.wqbook.com
　　　　地　　　址:北京清华大学学研大厦 A 座　　邮　　编:100084
　　　　社 总 机:010-62770175　　　　　　　　　邮　　购:010-62786544
　　　　投稿与读者服务:010-62776969,c-service@tup.tsinghua.edu.cn
　　　　质 量 反 馈:010-62772015,zhiliang@tup.tsinghua.edu.cn
　　　　课 件 下 载:http://www.tup.com.cn,010-62795954
印 装 者:北京国马印刷厂
经　　销:全国新华书店
开　　本:185mm×260mm　　　印　　张:14.25　　　字　　数:340 千字
版　　次:2017 年 2 月第 1 版　　　　　　　　　印　　次:2017 年 2 月第 1 次印刷
印　　数:1～2000
定　　价:29.50 元

产品编号:071248-01

出版说明

随着我国高等教育规模的扩大以及产业结构调整的进一步完善,社会对高层次应用型人才的需求将更加迫切。各地高校紧密结合地方经济建设发展需要,科学运用市场调节机制,合理调整和配置教育资源,在改革和改造传统学科专业的基础上,加强工程型和应用型学科专业建设,积极设置主要面向地方支柱产业、高新技术产业、服务业的工程型和应用型学科专业,积极为地方经济建设输送各类应用型人才。各高校加大了使用信息科学等现代科学技术提升、改造传统学科专业的力度,从而实现传统学科专业向工程型和应用型学科专业的发展与转变。在发挥传统学科专业师资力量强、办学经验丰富、教学资源充裕等优势的同时,不断更新教学内容、改革课程体系,使工程型和应用型学科专业教育与经济建设相适应。计算机课程教学在从传统学科向工程型和应用型学科转变中起着至关重要的作用,工程型和应用型学科专业中的计算机课程设置、内容体系和教学手段及方法等也具有不同于传统学科的鲜明特点。

为了配合高校工程型和应用型学科专业的建设和发展,急需出版一批内容新、体系新、方法新、手段新的高水平计算机课程教材。目前,工程型和应用型学科专业计算机课程教材的建设工作仍滞后于教学改革的实践,如现有的计算机教材中有不少内容陈旧(依然用传统专业计算机教材代替工程型和应用型学科专业教材),重理论、轻实践,不能满足新的教学计划、课程设置的需要;一些课程的教材可供选择的品种太少;一些基础课的教材虽然品种较多,但低水平重复严重;有些教材内容庞杂,书越编越厚;专业课教材、教学辅助教材及教学参考书短缺,等等,都不利于学生能力的提高和素质的培养。为此,在教育部相关教学指导委员会专家的指导和建议下,清华大学出版社组织出版本系列教材,以满足工程型和应用型学科专业计算机课程教学的需要。本系列教材在规划过程中体现了如下一些基本原则和特点。

(1)面向工程型与应用型学科专业,强调计算机在各专业中的应用。教材内容坚持基本理论适度,反映基本理论和原理的综合应用,强调实践和应用环节。

(2)反映教学需要,促进教学发展。教材规划以新的工程型和应用型专业目录为依据。教材要适应多样化的教学需要,正确把握教学内容和课程体系的改革方向,在选择教材内容和编写体系时注意体现素质教育、创新能力与实践能力的培养,为学生知识、能力、素质协调发展创造条件。

(3)实施精品战略,突出重点,保证质量。规划教材建设仍然把重点放在公共基础课和专业基础课的教材建设上;特别注意选择并安排一部分原来基础比较好的优秀教材或讲义修订再版,逐步形成精品教材;提倡并鼓励编写体现工程型和应用型专业教学内容和课程体系改革成果的教材。

（4）主张一纲多本，合理配套。基础课和专业基础课教材要配套，同一门课程可以有多本具有不同内容特点的教材。处理好教材统一性与多样化，基本教材与辅助教材，教学参考书，文字教材与软件教材的关系，实现教材系列资源配套。

（5）依靠专家，择优选用。在制订教材规划时要依靠各课程专家在调查研究本课程教材建设现状的基础上提出规划选题。在落实主编人选时，要引入竞争机制，通过申报、评审确定主编。书稿完成后要认真实行审稿程序，确保出书质量。

繁荣教材出版事业，提高教材质量的关键是教师。建立一支高水平的以老带新的教材编写队伍才能保证教材的编写质量和建设力度，希望有志于教材建设的教师能够加入到我们的编写队伍中来。

21 世纪高等学校计算机教育实用规划教材编委会

联系人：魏江江 weijj@tup. tsinghua. edu. cn

前　言

　　《数据库原理与应用 SQL Server 2012》出版之后,发现有读者希望得到这本书的课后习题的答案等内容。由于教材内容充实,有难度,课后题确实不乏经典题目,所以为加深读者对教材知识点的理解,并实际提高自己的数据问题的处理能力,决定出版该教材相关学习指导书。

　　本书是《数据库原理与应用 SQL Server 2012》(胡艳菊、申野编著,清华大学出版社)的配套教材。每章都由学习目标、知识脉络图、重点难点解析、典型例题讲解、课后题解析和小结组成。用图表表示的知识点,逻辑关系清楚,言简意赅,分为普通知识点、重点知识点和难点知识点,典型例题精练、深入,课后习题全部给出详尽答案,所有操作类题目都尽量配给准确的代码、操作截图和电子版的数据源供学习参考。因此本书亦可作为单独学习的数据库图书,或者课下配套练习的同步学习指导书。

　　本书继续以培养创新人才为目的,不仅全面、准确地介绍数据库原理、数据库应用技术相关知识点,更通过对经典例题、课后习题的详解,展示了使用先进、专业的理论和技术全面解决具体问题的思路、方法和实用技术。对改善学生理论知识理解不深入、不连续、不完整,对具体技术很难掌握的现象有显著帮助。

　　本书既可作为高等院校计算机、软件工程专业高年级本科生、研究生的辅助教材,同时也可作为计算机专业开发人员、广大科技工作者和研究人员参考的工具书。

　　全书共分 3 篇:第 1 篇(第 1～3 章)为原理篇,解决数据库系统构建的历史背景、原理和理论基础部分知识点及应用问题;第 2 篇(第 4～13 章)为应用篇,着重解决使用 SSMS 创建数据库、SQL 语言语法、视图、事务、存储过程、触发器等高级数据库对象在 SQL Server 2012 中使用的知识点及应用问题;第 3 篇(第 14 章)为开发篇。书后附录部分给出了 SQL Server 最新版——SQL Server 2016 的基础介绍以及 SQL Server 2000 到 SQL Server 2016 的主要数据库特性对照表。

　　本书由胡艳菊老师统筹规划编著,全书分 3 篇共 14 章,其中带 * 的章节为可选学内容。

　　学习虽如逆水行舟,但也让人体会到宇宙万物无穷的奥妙与乐趣。用心做事,时光飞逝,洒下的就不只是欢笑泪水,也会有成长镌刻在岁月中。

　　再次感谢在编写本书过程中那些给予默默陪伴、理解与鼓励的亲人和朋友。

　　由于编者水平有限,书中疏漏不当之处在所难免,恳请读者指正。

编　者

2016 年 10 月

第 2 篇 应用篇——数据库应用技术 SQL Server 2012

第 3 篇　开发篇——数据库系统软件开发

第 1 篇

原理篇——数据库原理

第1章　数据库系统概述

学习目标

- 了解数据库发展历史。
- 了解数据库系统的概念。
- 了解数据库系统结构。
- 了解数据库管理系统的组成。

知识脉络图

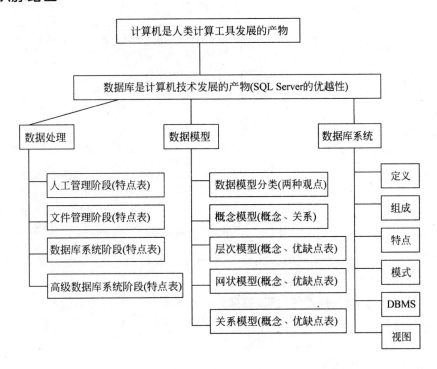

1.1　重点难点解析

1. 计算机是人类计算工具发展的产物

人类的计算工具发展简史如图 1.1 所示。

2. 数据库是计算机技术发展的产物

计算工具始终围绕着计算对象的不断丰富而不断发展,也帮助人们统计和管理事务。

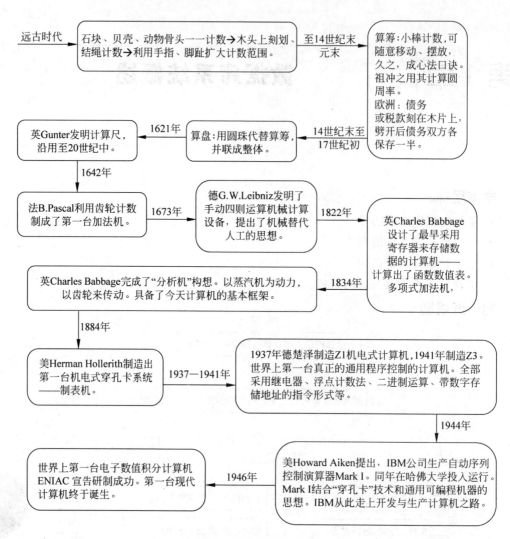

图 1.1　计算工具发展简史

现代社会人类的物质和精神文明的极大发展,促成了计算机的产生,从而也促成了使用计算机管理和统计事务数据的数据库的产生。

随着计算机软件、硬件技术的发展,数据处理技术经历了人工管理阶段、文件系统阶段和数据库系统阶段。1968 年 IBM 公司出品了世界上第一个成功的商品化数据管理系统(Information Management System,IMS)。

3. SQL Server 的优越性

SQL Server 数据库数据存储规模适中,版本丰富,与流行的 Windows 操作系统的各个版本极易匹配,安装方便,对硬件配置要求和占据的系统资源适中,是最好的 C/S 结构的后台数据库以及门户网站的首选后台数据库。数据库管理功能和 SQL 语言丰富,对数据的管理安全性好,效率高。

与擅长极大规模和分布式数据存储与管理的 Oracle 数据库相比,在基本的操作、功能上 SQL 与之语言语法方面极其相近。MySQL 数据库小巧,开源,尤其在移动设备的网站和应用程序的后台数据管理方面非常受欢迎,但数据保护能力较弱,数据库对象和 SQL 语言也不太丰富。Office 自带的 Access 数据库,也存在数据存储规模小,数据保护能力弱,功能不丰富的问题。Visual FoxPro、PowerBuilder 和 Delphi 等数据库也曾经非常流行,但是它们是开发程序和数据库不独立的软件,功能不太丰富,不太适合网络数据开发。

SQL Server 数据库界面友好,操作简单易学,数据存储的独立性、安全性等较好,与其他类型的数据具有较好的交互。学过 SQL Server 数据库后,再接触更大、更复杂或者更简单的数据库系统,都极易掌握,因此是首选的数据库学习对象。

4. 信息与数据

通常把消息中有意义的内容称为信息。

数据是用来记录信息的可识别的符号,是信息的具体表现形式。

5.（重点※）数据处理

数据处理过程如图 1.2 所示。

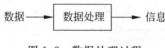

图 1.2　数据处理过程

数据处理是将数据转换成信息的过程,包括对数据的收集、存储、加工、检索、传输等一系列活动。其目的是从大量的原始数据中抽取和推导出有价值的信息,作为决策的依据。

数据处理技术分为四个阶段,如表 1.1 所示。

表 1.1　数据处理的四个阶段

数据处理技术名称	起 止 时 间
人工处理阶段	20 世纪 50 年代中期以前
文件系统阶段	20 世纪 50 年代后期——60 年代中期
数据库系统阶段	20 世纪 60 年代后期——70 年代中期
高级数据库阶段	20 世纪 70 年代中期以来

6.（重点※）人工管理阶段

人工管理阶段的特点如表 1.2 所示。

表 1.2　数据处理的人工管理阶段特点

历史背景	硬　件	软　件	数据处理方式	优点	缺　点
20 世纪 50 年代中期以前,计算机主要用于科学计算	无大容量存储设备。外存使用磁带、卡片、纸带,无磁盘	无操作系统,无数据管理软件,只有汇编语言	人工参与的批处理方式。数据不共享、不独立,与应用程序一一对应		半自动化、效率低下

7.（重点※）文件系统阶段

文件系统阶段的特点如表 1.3 所示。

表 1.3　数据处理的文件系统阶段特点

历史背景	硬　件	软　件	数据处理方式	优　点	缺　点
20 世纪 50 年代后期至 60 年中后期，计算机不仅用于科学计算，还大量用于管理	有了磁盘、磁鼓等直接存取设备	出现了高级程序设计语言和操作系统。有专门管理数据的软件——文件系统	数据以文件形式长期保存，按名访问，按记录存取；文件形式（索引文件、链接文件、直接存取文件、倒排文件等）多样化。数据文件具有一定的共享性、独立性	文件系统提供数据的存取办法，支持对数据的增、删、改、查等基本操作。使用文件系统管理数据，用户程序不必考虑数据存储的物理细节。通过文件系统，程序和数据文件之间可以组合，数据具有一定的共享性、独立性	数据冗余，不一致性，数据孤立，数据独立性差，并发访问异常

8. （重点※）数据库系统阶段

数据库系统阶段的特点如表 1.4 所示。

表 1.4　数据处理的数据库系统阶段特点

历史背景	硬　件	软　件	数据处理方式	优　点	缺　点
20 世纪 60 年代后期至 70 年代中期，计算机应用于管理的规模更加庞大，数据量急剧增加	出现了大容量磁盘，计算机可联机存取大量数据。硬件价格下降	软件价格上升，开发和维护成本增加，其中维护的成本更高	数据独立存储。出现了统一管理数据的专门软件系统——数据库管理系统（DBMS）。数据库管理系统操作数据库中的数据，对数据库进行统一控制	数据具有共享性、独立性、一致性、能合理地解决数据冗余、可以建立数据关系、保障数据不孤立、数据可并发访问	

9. （重点※）高级数据库阶段

高级数据库阶段的特点如表 1.5 所示。

表 1.5　数据处理的高级数据库系统阶段特点

历史背景	硬　件	软　件	数据处理方式	优　点	缺　点
20 世纪 70 年代中期以来，计算机技术和应用不断发展，数据处理的规模迅速扩大		在常规数据库系统技术应用的基础上又出现了一些新的数据处理方式——高级数据库技术	并行数据库系统，分布式数据库系统，面向对象数据库系统，数据仓库，多媒体数据库，智能型知识数据库等	数据处理技术更加先进、完善	

10.（重点难点※※）数据模型

信息世界：数据库系统面向计算机，应用面向现实世界，两个世界存在着巨大差异，要直接将现实世界中的语义映射到计算机世界十分困难，引入信息世界作为现实世界通向计算机实现的"桥梁"。

信息世界是对现实世界的抽象，从现实世界中抽取出能反映现实本质的概念和基本关系。信息世界中的概念和关系，最终以一定的方式映射到计算机世界，在计算机系统上最终实现。其抽象的关系如图1.3所示。

图1.3　现实世界到机器世界的抽象

模型：现实世界特征的模拟和抽象。

数据模型：现实世界数据特征的模拟和抽象，是数据库的核心。

数据模型应满足三个方面的要求：能比较真实地模拟现实世界，容易被人理解，便于在计算机上实现。

11.（重点难点※※）数据模型的分类

（1）数据库中的数据是按一定的逻辑结构存放的，这种结构是用数据模型表示的。

从数据库开发的方法和过程来看，对数据和信息建模分为概念模型、逻辑模型和物理模型。

概念模型：用于组织信息世界的概念，表现现实世界中抽象出来的事物以及它们之间的联系。例如E-R模型。

逻辑模型：从计算机实现的角度对数据建模，是信息世界中的概念和联系在计算机世界中的表示方法，例如从E-R图转化的关系模式。

物理模型：从计算机的物理存储角度对数据建模，是数据在物理设备上的存放方法和表现形式的描述，以实现数据的高效存取。

（2）按数据库系统实现的观点来建模，主要研究如何组织、管理数据库系统内部的数据，这种数据模型由三个组成要素构成。即数据结构、数据操作和数据完整性约束。

数据结构：描述系统的静态特性，即实体对象存储在数据中的记录型的集合，包括数据本身（类型、内容、性质）和数据之间的关系。数据库系统中一般按数据结构的类型命名数据模型。按照数据结构的特点分类，数据模型主要有层次模型、网状模型和关系模型。

数据操作：是对系统动态特征的描述。用于描述施加于数据之上的各种操作。包括操作（检索、插入、删除、修改）及操作规则。数据模型要定义操作定义、操作符号、操作规则及实现操作的语言。

数据完整性约束：完整性规则的集合，规定数据库状态及状态变化所应满足的条件，以保证数据的正确、有效、相容。数据完整性约束有"通用的完整性约束条件"和"特定的语义约束条件"之分。

12.（重点※）概念模型

概念模型是把现实世界中的具体事物抽象为某种信息结构，使其成为某种数据库管理系统支持的数据模型，这种信息结构并不依赖于计算机系统，而是概念级的模型。

- 关键术语：

实体(Entity)：客观存在并相互区分的事物。

属性(Attribute)：实体所具有的特性。

键(Key)：能唯一标识一个实体的属性及属性值。

实体型(Entity Type)：用实体名及其属性名集合来抽象和刻画同类实体。例如学生(学号，……)。

实体集(Entity Set)：具有相同属性(或特性)的实体的集合。

联系(Relationship)：实体(型)内部或实体(型)之间的联系。

13. (重点※)概念模型中两实体之间的联系

- 实体的联系有以下两种形式：

(1) 实体内部(属性)间的联系。

(2) 实体间的联系，一般指不同实体集之间的联系。

- 两实体之件的联系有以下几种类型：

(1) 一对一：即 1∶1，例如班级和班长。

(2) 一对多：即 1∶M，例如班级和学生。

(3) 多对多：即 $M∶N$，例如学生和教师。

同一实体集中各实体间也存在一对一、一对多和多对多的联系。

实体联系模型有 E-R(Entity-Relationship Model)模型和 EE-R(Extend Entity-Relationship Model)模型。实体联系模型用简单的图形方式描述现实世界中的数据。

实体：概念模型的对象，用"矩形"表示。

实体属性：说明实体，用"椭圆"表示。

实体联系：实体类型间有名称的关联，用"菱形"表示。

14. (重点※)层次模型

在具有层次模型的数据集合中，数据对象之间是一种一对一或一对多的联系，模型中层次清晰，可沿层次路径存取和访问各个数据，用树结构表示实体之间的这种联系的模型叫层次模型。

层次模型的数据结构是树。树由结点和连线组成，结点代表实体型，连线表示两实体型间的一对多联系。树有以下特性：每棵树有且仅有一个结点无父结点，此结点称为树的根(Root)；树中的其他结点都有且仅有一个父结点。

层次模型的数据操纵主要有查询、插入、删除和修改。插入、删除和修改借鉴"树"的数据结构的操作。

层次模型的优缺点如表 1.6 所示。

表 1.6　层次模型的优缺点

层次模型的优点	层次模型的缺点
操作比较简单，只需很少几条命令	无法直观地表现复杂的事物关系，比如不能直接表示两个以上的实体型间的复杂的联系和实体型间的多对多联系，只能通过引入冗余数据或创建虚拟结点的方法来解决，易产生不一致性

层次模型的优点	层次模型的缺点
逻辑结构较易理解,因为现实世界中许多实体间的联系本就呈现出一种很自然的层次关系,比如行政层次,家族关系本身就是层次结构。另外物理结构和逻辑结构相对一致,较易实现,结点间联系简单,只要知道每个结点的双亲结点,就可知道整个模型结构	对数据的插入和删除的操作限制太多
提供了良好的数据完整性支持	查询子结点必须通过双亲结点,浪费搜索时间

代表产品:IBM 的 IMS 数据库,1969 年研制成功。

15.(重点※)网状模型

各数据实体之间建立的是一种层次不清的一对一、一对多或多对多的联系,用来表示这种复杂的数据逻辑关系的模型就是网状模型,其数据结构是一个满足下列条件的有向图,可以有一个以上的结点无父结点。至少有一个结点有多于一个的父结点(排除树结构)。

网状模型具有表达的联系种类丰富,结构复杂的特点。

在网状模型发展的历史上,有一个里程碑式的标准,即 DBTG 报告。它是在 1969 年由美国 CODASYC(Conference On Data System Language,数据系统语言协商会)下属的 DBTG(Data Base Task Group)组提出,在报告中确立了网状数据库系统的概念、方法、技术。

网状模型的数据操纵主要包括查询、插入、删除和修改数据。插入、删除和修改数据的操作借鉴有向图的相关操作。

它没有像层次数据库那样有严格的完整性约束条件,只提供一定的完整性约束。网状模型的优缺点如表 1.7 所示。

表 1.7　网状模型的优缺点

网状模型的优点	网状模型的缺点
能更为直接地描述客观世界,可表示实体间的多种复杂联系	由于更好地体现了事物之间的联系,所以实现起来结构复杂,DDL 语言极其复杂
具有良好的性能和存储效率	同时诸多的联系也导致了数据独立性差,由于实体间的联系本质上是通过存取路径表示的,因此应用程序在访问数据时要指定存取路径

网状模型更多地停留在理论阶段。

16.(重点难点※※)关系模型

关系模型是一种易于理解并具有较强数据描述能力的数据模型,数据结构是用二维表来表示实体及实体之间的联系。每张二维表称为一个关系(Relation),其中存放了两种类型的数据:实体本身的数据,实体间的联系是通过不同关系中具有相同的属性名来实现的。

· 术语:

(1) 关系(Relation):一个关系对应一张二维表。

(2) 元组(Tuple):表格中的一行,如一个学生记录即为一个元组。

(3) 属性(Attribute):表格中的一列,相当于记录中的一个字段,如表中有 5 个属性

（学号，姓名，性别，年龄，系别）。

（4）关键字（Key）：可唯一标识元组的属性或属性集，也称为关系键或主码，如表中学号可以唯一确定一个学生，为学生关系的主码。

（5）域（Domain）：属性的取值范围，如年龄的域是（14~40），性别的域是（男，女）。

（6）分量：每一行对应的列的属性值，即元组中的一个属性值，如学号、姓名、年龄等均是一个分量。

（7）关系模式：对关系的描述，一般表示为关系名（属性1，属性2，……，属性n），如学生（学号，姓名，性别，年龄，系别）。

在关系模型中，实体是用关系来表示的，如学生（学号，姓名，性别，年龄，系别），课程（课程号，课程名，课时）。

实体间的关系也是用关系来表示的，如学生和课程之间的关系——选课关系（学号，课程号，成绩）。

数据操纵主要包括查询、插入、删除和修改数据，这些操作必须满足关系的完整性约束条件，即实体完整性、参照完整性和用户定义的完整性。

- 关系模型的特征有：

（1）结构单一化：关系模型的逻辑结构实际上是二维表，基于关系模型的关系数据库的逻辑结构也是二维表，而这个二维表即是关系。每个关系（或表）由一组元组组成，每个元组又由若干属性和域构成。只有两个属性的关系称为二元关系，以此类推，有n个属性的关系称为n元关系。

（2）坚实的数学理论基础。

关系模型的优缺点如表1.8所示。

表1.8　关系数据库的优缺点

关系模型的优点	关系模型的缺点
简单，表的概念直观，处理数据效率高	由于存取路径对用户透明，查询效率往往不如非关系模型
描述的一致性，不仅用关系描述实体本身，也用关系描述实体之间的联系	为了提高性能，必须对用户的查询表示进行优化，增加了开发数据库管理系统的负担
数据独立性高，有较好的一致性和良好的保密性	
可以动态地导出和维护视图	
数据结构简单，便于了解和维护。可以配备多种高级接口	

17.（重点难点※※）数据库系统的定义

数据库系统的定义如表1.9所示。

表1.9　数据库系统相关定义

名　　称	定　　义
数据库（Data Base）	长期储存在计算机内的、有组织的、可共享的数据集合。数据库中的数据按一定的数据模型组织、存储和描述，由 DBMS 统一管理，多用户共享

名　称	定　义
数据库管理系统(Data Base Management System)	一个通用的软件系统,由一组计算机程序构成。它能够对数据库进行有效的管理,并为用户提供了一个软件环境,方便用户使用数据库中的信息
数据库系统(Data Base System,DBS)	一个存储记录的计算机系统,能存储信息并支持用户检索和更新所需要的信息

18.（重点难点※※）数据库系统的组成

数据库系统(DBS)通常由数据库(Data Base)、硬件(Hardware)、软件(Software)和用户(User)组成。各部分含义如表 1.10 所示。

表 1.10　数据库系统的组成部分

名　称	解　释
数据库	系统日常运营所需要的各种数据,包括数据本身,及对数据的说明信息(由 DBMS 的数据字典管理)
硬件	足够的内存,以运行 OS、DBMS,以及应用程序和提供数据缓存;足够的存取设备如磁盘,提供数据存储和备份;足够的 I/O 能力和运算速度,保证较高的性能
软件	数据库管理系统(DBMS),支持 DBMS 运行的操作系统,具有与数据库接口的高级语言及其编译系统,应用开发工具及为特定应用环境开发的数据库应用系统
用户	数据库管理员(Data Base Administrator,DBA),应用程序员(Application Programmer 包括数据库设计者、系统分析员、程序员),最终用户(End User、包括偶然用户、简单用户、复杂用户)

19. 数据库系统特点

数据库系统具有数据结构化、数据集成与共享、数据独立性好、方便的外部接口和统一的控制机制 5 个特点。各个特点的含义如表 1.11 所示。

表 1.11　数据库系统特点

特　点	解　释
数据结构化	文件系统管理中,不同文件的记录型之间没有联系,它仅关心数据项之间的联系;数据库系统则不仅考虑数据项之间的联系,还要考虑记录之间的联系。相互间联系是通过存取路径来实现的,这是数据库系统与文件系统的根本区别
数据集成与共享	可控冗余度:数据面向整个系统,而不是面向某一应用,数据集中管理,并可以被多个用户和多个应用程序所共享。数据共享可以减少数据冗余,节省存储空间,减少存取时间,并避免数据之间的不相容性和不一致性。每个应用选用数据库的一个子集,只要重新选取不同子集或者加上一小部分数据,就可以满足新的应用要求,这就是易扩充性。根据应用的需要,可以控制数据的冗余度
数据独立性好	表现在以下三方面:①三级结构体系:用户数据的逻辑结构、整体数据的逻辑结构和数据的物理结构。②数据与程序相对独立,把数据库的定义和描述从应用程序中分离出去。描述又是分级的(全局逻辑、局部逻辑、存储),数据的存取由系统管理,用户不必考虑存取路径等细节,从而简化了应用程序。③数据独立性:当数据的结构发生变化时,通过系统提供的映像(转换)功能,使应用程序不必改变。它包括数据的物理独立性和逻辑独立性

特　点	解　释
方便的外部接口	利用数据库系统提供的查询语言和交互式命令操纵数据库；利用高级语言（C,Cobol 等）编写程序操纵数据库
统一的控制机制（并发共享）	保护数据以防止不合法的使用造成数据的泄露和破坏；措施：用户标识与鉴定，存取控制。 数据的安全性控制（Security）：保护数据以防止不合法的使用造成数据泄露和破坏；措施：用户标识与鉴定，存取控制。 数据的完整性控制（Integrity）：数据的正确性、有效性、相容性；措施：完整性约束条件定义和检查。 并发控制（Concurrency）：对多用户的并发操作加以控制、协调，防止其互相干扰而得到错误的结果并使数据库完整性遭到破坏；措施：封锁。 数据库恢复（Recovery）：将数据库从错误状态恢复到某一已知的正确状态，防止数据丢失和损害，保证数据的正确性

20.（难点※）模式

在数据模型中包含型与值，型是指对某一类数据的结构和属性的说明，值是型的一个具体赋值。

模式是数据库的框架，是对数据库中全体数据的逻辑结构和特征的描述，它仅仅涉及到型的描述，不涉及到具体的值。

模式的一个具体值称为模式的一个实例。同一个模式可以有很多实例。模式是相对稳定的，而实例是相对变动的，因为数据库的数据是在不断更新的。模式反映的是数据的结构及其联系，而实例反映的是数据库某一时刻的状态。

模式的分级：为了提高数据的物理独立性和逻辑独立性，使数据库的用户观点，即用户看到的数据库，与数据库的物理方面，即实际存储的数据库区分开来，数据库系统的模式是分级的。

外模式（Sub-Schema）又称子模式：用户的数据视图，是数据的局部逻辑结构，模式的子集。

模式（Schema）：所有用户的公共数据视图，是数据库中全体数据的全局逻辑结构和特性的描述。

内模式（Storage Schema）又称存储模式：数据的物理结构及存储方式。

外模式/模式映像：定义某一个外模式和模式之间的对应关系，映像定义通常包含在各外模式中。当模式改变时，修改此映像，使外模式保持不变，从而应用程序可以保持不变，称为逻辑独立性。

模式/内模式映像：定义数据逻辑结构与存储结构之间的对应关系。存储结构改变时，修改此映像，使模式保持不变，从而应用程序可以保持不变，称为物理独立性。

21. 数据字典

数据字典（Data Dictionary）是一种用户可以访问的记录数据库和应用程序源数据的目录。主动数据字典是指在对数据库或应用程序结构进行修改时，其内容可以由 DBMS 自动更新的数据字典。被动数据字典是指修改时必须手工更新其内容的数据字典。数据字典是一个预留空间，用来储存信息数据库本身。

数据字典通常包括数据项、数据结构、数据流、数据存储和处理过程五个部分。

数据字典是关于数据的信息的集合,也就是对数据流图中包含的所有元素的定义的集合。数据字典还有另一种含义,是在数据库设计时用到的一种工具,用来描述数据库中基本表的设计,主要包括字段名、数据类型、主键、外键等描述表的属性的内容。

22.（重点难点※※）DBMS

数据库管理系统(Database Management System)是一种操纵和管理数据库的大型软件,用于建立、使用和维护数据库,简称 DBMS。

根据处理对象的不同,数据库管理系统的层次结构由高级到低级依次为应用层、语言翻译处理层、数据存取层、数据存储层、操作系统。DBMS 的层次结构、功能和工作过程分别如表 1.12~表 1.14 所示。

表 1.12　DBMS 管理层次结构

名　称	解　释
应用层	应用层是 DBMS 与终端用户和应用程序的界面层,处理的对象是各种各样的数据库应用
语言翻译处理层	语言翻译处理层是对数据库语言的各类语句进行语法分析、视图转换、授权检查、完整性检查等
数据存取层	处理的对象是单个元组,它将上层的集合操作转换为单记录操作
数据存储层	处理的对象是数据页和系统缓冲区
操作系统	操作系统是 DBMS 的基础。操作系统提供的存取原语和基本的存取方法通常是作为和 DBMS 存储层的接口

表 1.13　DBMS 的功能

名　称	解　释
数据定义	DBMS 提供数据定义语言(Data Definition Language,DDL),供用户定义数据库的三级模式(外模式、模式和内模式(源模式))结构、两级映像以及完整性约束和保密限制等约束。DDL 主要用于建立、修改数据库的库结构。DDL 所描述的库结构仅仅给出了数据库的框架,数据库的框架信息被存放在数据字典(Data Dictionary)中。模式翻译程序把源模式翻译成目标模式,存入数据字典中
数据操作	DBMS 提供数据操作语言(Data Manipulation Language,DML),供用户实现对数据的插入、删除、更新、查询等操作。 DML 类型。宿主型:DML 不独立使用,嵌入到高级语言(主语言)程序中使用。自含型:独立使用,交互式命令方式。 DBMS 控制并执行 DML 语句。宿主型:有预编译和增强编译两种方式。自含型:解释执行
数据库的运行管理	数据库的运行管理功能是 DBMS 的运行控制、管理功能,包括多用户环境下的并发控制、安全性检查和存取限制控制、完整性检查和执行、运行日志的组织管理、事务的管理和自动恢复,即保证事务的原子性。这些功能保证了数据库系统的正常运行
数据组织、存储与管理	DBMS 要分类组织、存储和管理各种数据,包括数据字典、用户数据、存取路径等,需确定以何种文件结构和存取方式在存储级上组织这些数据,如何实现数据之间的联系。数据组织和存储的基本目标是提高存储空间利用率,选择合适的存取方法提高存取效率

续表

名　　称	解　　释
数据库的保护	数据库中的数据是信息社会的战略资源,数据的保护至关重要。DBMS 对数据库的保护通过 4 个方面来实现:数据库的恢复、数据库的并发控制、数据库的完整性控制、数据库安全性控制。DBMS 的其他保护功能还有系统缓冲区的管理以及数据存储的某些自适应调节机制等
数据库的维护	这一部分包括数据库的数据载入、转换、转储、数据库的重组合重构以及性能监控和分析等功能,这些功能分别由各个使用程序来完成
通信	DBMS 具有与操作系统的联机处理、分时系统及远程作业输入的相关接口,负责处理数据的传送。对网络环境下的数据库系统,还应该包括 DBMS 与网络中其他软件系统的通信功能以及数据库之间的互操作功能

表 1.14　DBMS 工作过程

序号	说　　明
1	应用程序通过 DML 命令向 DBMS 发读请求,并提供读取记录参数。如记录名、关键字值等
2	DBMS 根据应用程序对应的子模式中的信息,检查用户权限,决定是否接受读请求
3	如果是合法用户,则调用模式,根据模式与子模式间数据的对应关系,确定需要读取的逻辑数据记录
4	DBMS 根据存储模式,确定需要读取的物理记录
5	DBMS 向操作系统发读取记录的命令
6	操作系统执行该命令,控制存储设备读出记录数据
7	在操作系统控制下,将读出的记录送入系统缓冲区
8	DBMS 比较模式和子模式,从系统缓冲区中得到所需的逻辑记录,并经过必要的数据变换后,将数据送入用户工作区
9	DBMS 向应用程序发送读命令执行情况的状态信息

最后,应用程序对工作区中读出的数据进行相应处理。对数据的其他操作,其过程与读出一个记录相似。具体如图 1.4 所示。

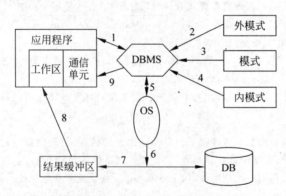

图 1.4　DBMS 工作过程示意图

23.（难点※）数据库系统的不同视图

数据库系统的管理、开发和使用人员主要有数据库管理员、系统分析员、应用程序员和用户,这些人员的职责和作用是不同的,因而涉及不同的数据抽象级别,有不同的数据视图。

各级用户所对应的不同数据视图如表 1.15 所示。

表 1.15　各级用户与不同的数据视图

名　称	说　明
用户	用户分为应用程序和最终用户(End User)两类,他们通过数据库系统提供的接口和开发工具软件使用数据库
应用程序员	负责设计应用系统的程序模块,编写应用程序通过数据库管理员为他(她)建立的外模式来操纵数据库中的数据
系统分析员	负责应用系统的需求分析和规范说明。系统分析员要与用户和数据库管理员配合好,确定系统的软硬件配置,共同作好数据库各级模式的概要设计
数据库管理员	全面负责管理、维护和控制数据库系统

1.2　典型例题讲解

【例 1.1】　名词解释"数据模型"。

答:现实世界数据特征的模拟和抽象,是数据库的核心。能表示实体类型及实体间联系的模型称为"数据模型"。

【例 1.2】　名词解释"概念模型"。

答:对现实世界的抽象和概括,它应真实、充分地反映现实世界中事物和事物之间的联系,具有丰富的语义表达能力,能表达用户的各种需求,包括描述现实世界中各种对象及其复杂联系、用户对数据对象的处理要求和手段。

【例 1.3】　名词解释"关系模型""关系""元组""属性""域""分量"。

答:关系模型:是用二维表来表示实体和实体之间联系的数据模型。每张二维表称为一个关系。

关系:一个关系对应一张二维表。

元组:二维表中的一行。

属性:二维表中的一列。

域:属性的取值范围。

分量:每一行对应的列的属性值,即元组中的一个属性值。

1.3　课后题解析

1.3.1　选择题

1.(　　)是位于用户与操作系统之间的一层数据管理软件。数据库在建立、使用和维护时由其统一管理、统一控制。

　　A. DBMS　　　　　　B. DB　　　　　　C. DBS　　　　　　D. DBA

答案:A

※　知识点说明:

数据库系统包含数据库、硬件、软件(主要指数据库管理系统(DBMS))、用户四大部分。

其中,DBMS是位于用户与操作系统之间的一层数据管理软件。它的功能包括:数据定义(DDL),数据操作(DML),数据库的运行管理,数据组织、存储与管理,数据库的保护、数据库的维护和通信。

2.( )是刻画一个数据模型性质最重要的方面。因此在数据库系统中,人们通常按它的类型来命名数据模型。

    A. 数据结构   B. 数据操纵   C. 完整性约束   D. 数据联系

答案:A

※ 知识点说明:

按数据库系统实现的观点来建模,主要研究如何组织、管理数据库系统内部的数据,这种数据模型由三个组成要素构成。即数据结构、数据操作和数据完整性约束。

数据结构:描述系统的静态特性,即实体对象存储在数据中的记录型的集合,包括数据本身(类型、内容、性质)和数据之间的关系。数据库系统中一般按数据结构的类型命名数据模型。按照数据结构的特点分类,数据模型主要有层次模型、网状模型和关系模型。

数据操作(纵):是对系统动态特征的描述。用于描述施加于数据之上的各种操作。包括操作(检索、插入、删除、修改)及操作规则。数据模型要定义操作定义、操作符号、操作规则及实现操作的语言。

数据完整性约束:完整性规则的集合,规定数据库状态及状态变化所应满足的条件,以保证数据的正确、有效、相容。数据完整性约束有"通用的完整性约束条件"和"特定的语义约束条件"之分。

数据联系属于数据完整性约束中的一种类型。

3.( )属于信息世界的模型。

    A. 数据模型   B. 概念模型   C. 非关系模型   D. 关系模型

答案:B

4. 当数据库的( )改变了,由数据库管理员对( )映像作相应改变,可以使( )保持不变,从而保证了数据的物理独立性。

(1)模式   (2)存储结构   (3)外模式/模式   (4)用户模式   (5)模式/内模式

    A. (1)、(3)、(4)   B. (1)、(5)、(3)   C. (2)、(5)、(1)   D. (1)、(2)、(4)

答案:C

※ 知识点说明:

外模式(Sub-Schema)又称子模式:用户的数据视图。是数据的局部逻辑结构,模式的子集。

模式(Schema):所有用户的公共数据视图。是数据库中全体数据的全局逻辑结构和特性的描述。

内模式(Storage Schema)又称存储模式:数据的物理结构及存储方式。

外模式/模式映像:定义某一个外模式和模式之间的对应关系,映像定义通常包含在各外模式中。当模式改变时,修改此映像,使外模式保持不变,从而应用程序可以保持不变,称为逻辑独立性。

模式/内模式映像：定义数据逻辑结构与存储结构之间的对应关系。存储结构改变时，修改此映像，使模式保持不变，从而应用程序可以保持不变，称为物理独立性。

5. 英文缩写 DBA 代表(　　)。

    A. 数据库管理员　　　　　　　　　B. 数据库管理系统

    C. 数据定义语言　　　　　　　　　D. 数据操纵语言

答案：A

1.3.2　填空题

1. 数据库就是长期储存在计算机内、_____、_____的数据集合。

答案：数据库(Data Base)是长期储存在计算机内的、有组织的、可共享的数据集合。数据库中的数据按一定的数据模型组织、存储和描述，由 DBMS 统一管理，多用户共享。

2. 数据管理技术已经历了_____、_____和_____三个发展阶段。

答案：数据管理技术已经历了人工处理、文件系统和数据库系统三个发展阶段。

3. 数据模型通常都是由_____、_____和_____三个要素组成。

答案：数据模型由三个组成要素构成，即数据结构、数据操作和数据完整性约束。

4. 用二维表结构表示实体以及实体间联系的数据模型称为_____。

答案：关系模型是一种易于理解并具有较强数据描述能力的数据模型，数据结构用二维表来表示实体及实体之间的联系。

5. 在数据库的三级模式体系结构中，外模式与模式之间的映像，实现了数据库的_____独立性。

答案：

外模式/模式映像：定义某一个外模式和模式之间的对应关系，映像定义通常包含在各外模式中。当模式改变时，修改此映像，使外模式保持不变，从而应用程序可以保持不变，称为逻辑独立性。

1.3.3　简答题

1. 请简述计算机数据管理技术发展的三个阶段。

答案：计算机数据管理技术发展经历了人工处理阶段、文件系统阶段和数据库系统阶段。

2. 什么是数据库、数据库系统、数据库管理系统？

答案：

数据库(Data Base, DB)是长期储存在计算机内的、有组织的、可共享的数据集合。数据库中的数据按一定的数据模型组织、存储和描述，由 DBMS 统一管理，多用户共享。

数据库系统(Data Base System, DBS)是一个存储记录的计算机系统，能存储信息并支持用户检索和更新所需的信息。包含数据库、硬件、软件和用户四部分。

数据库管理系统(Data Base Management System, DBMS)是一个通用的软件系统，由一组计算机程序构成。它能够对数据库进行有效的管理,并为用户提供了一个软件环境,方便用户使用数据库中的信息。

3. 数据模型有哪些分类?简述每类中数据模型的特点。

答案:

从数据库开发的方法和过程来看,对数据和信息建模分为概念模型、逻辑模型和物理模型。

概念模型:用于组织信息世界的概念,表现现实世界中抽象出来的事物以及它们之间的联系。例如 E-R 模型。

逻辑模型:从计算机实现的角度对数据建模,是信息世界中的概念和联系在计算机世界中的表示方法,例如从 E-R 图转化的关系模式。

物理模型:从计算机的物理存储角度对数据建模,是数据在物理设备上的存放方法和表现形式的描述,以实现数据的高效存取。

按数据库系统实现的观点来建模,主要研究如何组织、管理数据库系统内部的数据,这种数据模型由三个组成要素构成。即数据结构、数据操作和数据完整性约束。按照数据结构的特点分类,数据模型主要有层次模型、网状模型和关系模型。

层次模型的数据结构是树。树由结点和连线组成,结点代表实体型,连线表示两实体型间的一对多联系。树有以下特性:每棵树有且仅有一个结点无父结点,此结点称为树的根(Root);树中的其他结点都有且仅有一个父结点。层次模型的特点是结构简单。代表产品:IBM 的 IMS 数据库,1969 年研制成功。

网状模型,其数据结构是一个满足下列条件的有向图,可以有一个以上的结点无父结点。至少有一个结点有多于一个的父结点(排除树结构)。网状模型具有表达的联系种类丰富,结构复杂的特点。在网状模型发展的历史上,有一个里程碑式的标准,即 DBTG 报告。

关系模型是一种易于理解并具有较强数据描述能力的数据模型,数据结构是用二维表来表示实体及实体之间的联系。每张二维表称为一个关系(Relation),其中存放了两种类型的数据:实体本身的数据,实体间的联系是通过不同关系中具有相同的属性名来实现的。关系模型的特征有:

(1)结构单一化:关系模型的逻辑结构实际上是二维表,基于关系模型的关系数据库的逻辑结构也是二维表,而这个二维表即是关系。每个关系(或表)由一组元组组成,每个元组又由若干属性和域构成。只有两个属性的关系称为二元关系,以此类推,有 n 个属性的关系称为 n 元关系。

(2)坚实的数学理论基础。

4. 简述三级模型。

答案:

模式的分级:为了提高数据的物理独立性和逻辑独立性,使数据库的用户观点,即用户看到的数据库,与数据库的物理方面,即实际存储的数据库区分开来,数据库系统的模式是分级的。

外模式(Sub-Schema)又称子模式：用户的数据视图。它是数据的局部逻辑结构，模式的子集。

模式(Schema)：所有用户的公共数据视图。它是数据库中全体数据的全局逻辑结构和特性的描述。

内模式(Storage Schema)又称存储模式：数据的物理结构及存储方式。

外模式/模式映像：定义某一个外模式和模式之间的对应关系，映像定义通常包含在各外模式中。当模式改变时，修改此映像，使外模式保持不变，从而应用程序可以保持不变，称为逻辑独立性。

模式/内模式映像：定义数据逻辑结构与存储结构之间的对应关系。存储结构改变时，修改此映像，使模式保持不变，从而应用程序可以保持不变，称为物理独立性。

1.3.4 综合题

1. 分析学生管理系统(信息包括教学院、系、班，学生，课程)，画出 E-R 图。

答案：

如图 1.5 所示。

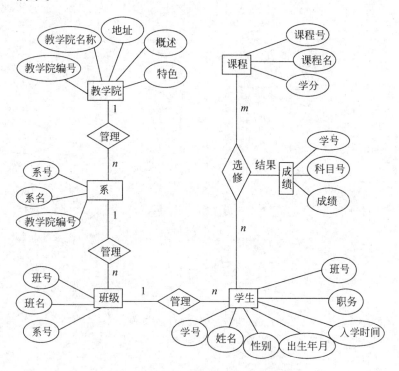

图 1.5　教学院学生管理系统 E-R 图

2. 分析银行存储管理系统，画出 E-R 图。

答案：

如图 1.6 所示。

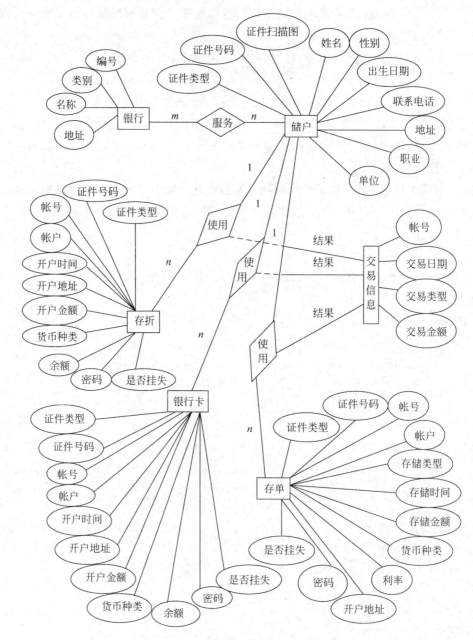

图 1.6　银行存储管理系统 E-R 图

小结

计算机是人类计算工具发展的产物。

数据库是计算机技术发展的产物，SQL Server 是数据库爱好者学习的首选。

数据处理技术经历了人工处理阶段、文件系统阶段和数据库系统阶段。

数据库系统无论从专业设计人员角度还是从用户角度出发，都需要经历在现实世界中调研——抽象为数据模型——在计算机中实现三个步骤。

按照数据库从数据库开发的方法和过程来看，数据模型分为概念模型、逻辑模型和物理模型。概念模型主要以 E-R 图为建模工具。逻辑模型是将概念模型转化为物理模型的理论模型。物理模型是数据库在计算机中具体存储的模型。

按数据库系统实现的观点来建模,数据模型由数据结构、数据操作和数据完整性约束三要素构成。按照数据结构的不同,数据模型分为层次模型、网状模型和关系模型三种。

数据库系统是由数据库应用人员(用户)、数据库、数据库管理系统、支持它的软件和硬件组成。

第2章　关系数据库数学模型

学习目标

- 了解关系数据库模型。
- 掌握 EER 模型到关系模式的转换。
- 了解关系代数的概念。
- 熟练掌握关系演算。

知识脉络图

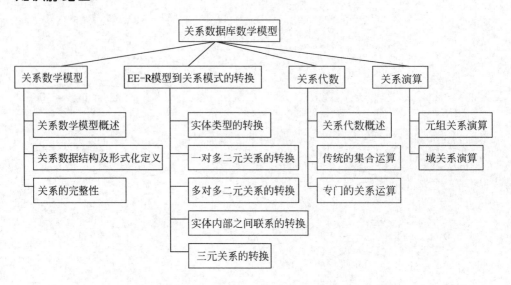

2.1　重点难点解析

1. 关系数据模型

关系数据库系统是支持关系模型的数据库系统。关系数据模型(RDBMS)包含三要素：关系数据结构、关系操作集合、关系完整性约束，其解释如表 2.1 所示。

2. 关系数据语言

描述关系操作的语言有关系代数语言和关系演算语言。实现关系操作并具备关系代数语言特点和关系演算语言特点的典型语言是 SQL 语言。关系数据语言分类表如表 2.2 所示。

表 2.1　关系数据模型

关系数据结构	关系操作	关系完整性约束
数据结构是唯一的——关系,关系是二维表(行列),实体及其联系都用关系表示	查询: (1) 选择 Select; (2) 投影 Project; (3) 连接 Join; (4) 除 Divide; (5) 并 Union; (6) 交 Intersection; (7) 差 Difference。 编辑: (1) 增加 Insert; (2) 删除 Delete; (3) 修改 Update	关系完整性约束包括:实体完整性约束、参照完整性约束、DBMS 保证完整性约束、用户自定义完整性约束。 关系完整性约束特点是集合方式(操作对象和结果都是关系—元组的集合—关系),而非关系完整性约束特点是以记录为操作单位

表 2.2　关系数据语言分类表

名　　称	特　　点
关系代数语言	用关系运算来表达查询要求。
关系演算语言	用谓词来表达查询要求。
SQL 语言	集关系代数和关系演算语言双重特点。集查询、DDL、DML、DCL 功能为一体。

3.(难点※)关系数据结构及形式化定义

关系数据结构形式化定义涉及概念的说明如表 2.3 所示。

表 2.3　关系数据结构形式化定义涉及概念

概念名称	概念内容	说　　明
※域(Domain)	一组具有相同数据类型的值的集合。	例:自然数,实数,英文字母。
※笛卡儿积 (Cartesian Product)	给定一组域 $D_1,D_2,\cdots,D_n$,这些域中可以有相同的。则 $D_1,D_2,\cdots,D_n$ 的笛卡儿积为: $D_1 \times D_2 \times \cdots \times D_n = \{(d_1,d_2,\cdots,d_n) \mid d_i \in D_i, i=1,2,\cdots,n\}$ $(d_1,d_2,\cdots,d_n)$ 表示 n 元组(n-tuple); d_i 表示元组的每一分量(Component); D_i 为有限集时,其基数为 m_i,则卡积的基数为 $M=m_1 \times m_2 \times \cdots \times m_n$	卡积 $D_1 \times D_2 \times \cdots \times D_n = \{(d_1,d_2,\cdots,d_n) \mid d_i \in D_i, i=1,2,\cdots,n\}$ 特性说明: (1) 从每一集合中抽一个元素做组合(有序); (2) 卡积没有交换率; (3) 亦可看成是一个二维表;基数为二维表的行数,集合元素的个数。 例:A={a, b}, B={1, 2, 3} 则 A×B={(a,1),(a,2),(a,3),(b,1),(b,2),(b,3) }
关系 $D_1 \times D_2 \times \cdots \times D_n$ 的子集	关系:$D_1 \times D_2 \times \cdots \times D_n$ 的子集叫做在域 $D_1,D_2,\cdots,D_n$ 上的关系。表示为:$R(D_1,D_2,\cdots,D_n)$,其中,R 为关系名,n 为关系的度或目。关系中的每个元素是关系中的元组,通常用 t 表示。$n=1$,单元关系(Unary Relation); $n=2$,二元关系(Binary Relation)	例:$R_1=\{(a,1),(b,2)\}$,$R_2=\{(a,1),(a,2),(b,1),(b,3)\}$。关系是元组的集合,是笛卡儿积的子集。一般来说,一个关系只取笛卡儿积的子集才具有意义。此外,还要对关系的要求进行规范,将没有实际意义的元组排除
※候选码(Candidate Key)	可唯一标识每一元组的属性(组)	

概念名称	概念内容	说　明
※主码(Primary Key)	候选码中选择其一称为主码。相应属性组为主属性	
※非码属性(Non-Key Attribute)	不包含在任何候选码中的属性	
※全码(All-Key)	用所有属性来唯一标识表中元组时的候选码	关系性质: (1)关系必须是有限集; (2)卡积无交换率,通过给属性命名取消元组分量的有序性; ① 列同质(homogeneous),即分量同类型; ② 不同列可出同一域; ③ 列的顺序无所谓; ④ 任意两个元组不能完全相同; ⑤ 行的顺序无所谓; ⑥ 分量必须取原子值
关系模式(Relation Schema)	是对关系的描述,关系是元组的集合(属性、域及其映像关系);元组语义(使 n 目谓词<属性>为真的卡积中的元素的全体)形式化定义:R(U, D, dom, F),5 元组包括:R,关系名;U,组成关系的属性名的集合;D,为属性组 U 中属性的域;dom,为属性向域的映像集合;F,为属性间数据的依赖关系集合。通常简记为:R(U)或 R(A_1, A_2,…, A_n)。其中 A_1, A_2,…, A_n 为属性名。D 及 dom 则直接说明为属性的类型和长度	关系模式是关系的型,关系是值,二者有时混用,但可从上下文进行区分。关系是关系模式在某一个时刻的状态或内容。关系模式是静态的、稳定的,而关系是动态的、随时间不断变化的,因为关系操作在不断地更新着数据库中的数据。实际当中,常把关系模式和关系都称为关系

4.(难点※)关系的完整性

关系的完整性约束条件包括实体完整性(Entity Integrity)、参照完整性(Referential Integrity)、用户自定义完整性(User-defined Integrity)。其概念说明如表 2.4 所示。

表 2.4　关系数据模型的完整性

名　称	概　念	说　明
实体完整性	若属性 A 是基本关系 R 的主属性,则属性 A 不能为空值	例:学生关系中的"学号"属性
参照完整性	外码(Foreign Key):设 F 是关系 R 的非码属性(组)。如果 F 与关系 S 的主码 K 相对应(定义在同一个(组)域上),则称 F 是关系 R 的外码。其中,关系 R 称为:参照关系(Referencing Relation),S 为被参照关系(或目标关系)(Referenced Relation)。 规则:定义外码与主码之间的引用规则,即外码 F 取值,可以是空 NULL,但必须是目标关系中存在的值,表内属性间的参照也要有存在的值	例:有以下关系:学生(学号,姓名,年龄,性别,专业号),专业(专业名,专业号)。 参照完整性:学生关系的"专业号"属性与专业关系的主码"专业号"对应,因此"专业号"属性是学生关系的外码
用户自定义完整性	根据客观实际的一些约束条件	例:性别(男,女),年龄(15~25)

5. （重点难点※※）EER 模型到关系模式的转换

EER 模型到关系模式的转换方法和说明如表 2.5 所示。

表 2.5　EER 模型到关系模式转换一览表

名　　称	转 换 方 法	说　　明
实体类型	每种实体型可由一个关系模式来表示。实体类型的属性为关系的属性；实体类型的主键作为关系的主键	例："学生"实体类型： 学生(学号,姓名,性别,出生年月,入学时间,系)
一对多的二元关系	强制性成员类： 如果一个实体是某个联系的强制性成员，则在二元关系转化为关系模式的实现方案中要增加一条完整性约束。具体操作为：如果实体类型 E2 在实体类型 E1 的 $n{:}1$ 联系中是强制性成员，则其 E2 关系模式中要包含 E1 的主属性	例：规定每一项工程必须有一个部门管理： Project(P♯, Title, Start_Date, End_Date, DepartName …)
一对多的二元关系	非强制性成员类： 如果一个实体是某个联系的非强制性成员，则通常新建一个分离关系来表示这种联系和属性。具体操作为： 如果实体类型 E2 在与实体类型 E1 的 $n{:}1$ 联系中是一个非强制性的成员，引入一个分离模式来表示联系和属性。分离的关系模式包含 E1 和 E2 的主属性	例：图书馆数据库 Borrower(B♯,Name,Address, …) Book(ISBN,Title, …) On_Load(ISBN,B♯,Date1,Date2)
多对多的二元关系	$m{:}n$ 的二元关系通常要引入一个分离关系来表示两个实体类型之间的联系，该关系由两个实体类型的主属性及其联系属性组成	例如,学生选课系统： Student (Stu♯,Name,Dep, …) Cource(Cou♯,CName,PreCou♯,Tea, …) On_Choose(Stu♯,Cou♯,Score)
实体内部之间的联系	实体内部之间 1:1 的联系： 强制的关系,在被强制的成员中包含强制它的成员的主属性	父、母与子： 子的实体中要包含父亲和母亲的主属性。 Child (C♯, Name, Sex, Age, FatherC♯, MatherC♯)
实体内部之间的联系	非强制的关系,引入一个分离关系	婚姻：引入"结婚"这个关系,可能有儿女。 Man(MC♯,Name,Age,FatherC♯,MatherC♯, …) Womon(WC♯, Name, Age, FatherC♯, MatherC♯, …) Marry(C♯,MC♯,WC♯,isChild)
实体内部之间的联系	实体内部之间 1:n 的联系： 基本与二元实体之间的 1:n 关系的转换原则相同。 实体内部之间 $m{:}n$ 的联系： 参考二元实体的 $m{:}n$ 关系的转换原则	

续表

名　称	转换方法	说　明
三元关系	三个实体及以上的关系,本质上需要通过要引入多个分离关系将其转化为两两实体的联系	将公司、产品和国家系统转化为关系模式为：公司实体、产品实体、国家实体、生产关系模式和销售关系模式： Product(ProductC♯,Name,Type,Function,…) Company(CompanyC♯,Name,Adress,CountryC♯,…) Country(CountryC♯,Name,…) On_Production(ProductionC♯,CompanyC♯,ProductC♯,Number,ProductDate,…) On_Sale(SaleC♯,ProductC♯,CountryC♯,Numer,…)

6. 关系代数概述

关系代数运算如表 2.6 所示。

表 2.6　关系代数运算一览表

运　算　名　称	说　明
传统的集合运算	并∪、交∩、差－、笛卡儿积×
专门的关系运算	选择 σ、投影 π、连接、除法÷

在进行专门的关系运算时,还会涉及比较运算和逻辑运算操作。比较运算是指比较大小,算术比较符有$>$、$\geqslant$、$<$、$\leqslant$、$=$、$\neq$。逻辑运算主要是指与、或、非,逻辑运算符有非¬、与^和或∨。

7.（重点※）传统的集合运算

传统集合运算的说明如表 2.7 所示。

表 2.7　传统集合运算

运　算　名　称	运　算　描　述	说　明
并	$R \cup S = \{t \mid t \in R \vee t \in S\}$	属于 R 和 S 的元组构成的关系(去掉重复)
差	$R - S = \{t \mid t \in R \wedge t \notin S\}$	由属于 R 但不属于 S 的元组的构成的关系
交	$R \cap S = \{t \mid t \in R \wedge t \in S\}$	由既属于 R 又属于 S 的元组构成的关系
广义笛卡儿积	$R \times S = \{t_r t_s \mid t_r \in R \wedge t_s \in S\}$	R 的元组构成的集合与 S 的元组构成的集合进行笛卡儿积

8.（重点难点※※）专门的关系运算

专门的关系运算的说明如表 2.8 所示。

表 2.8　专门的关系运算

运算名称	运　算　描　述
选择	给定条件,选择符合条件的元组,表示为：$\delta_F(R) = \{t \mid t \in R \wedge F(t) = 真\}$,其中,F 为选择条件,为一逻辑表达式。F 中的属性名可以用其序号代替

运算名称	运算描述
投影	从关系中选出若干列构成新的关系；表示为：$\pi_A(R)=\{t[A]\mid t\in R\}$。 注：A 为一属性组（若干列，F 中的属性名可以用其序号代替）
连接	在两个关系的笛卡儿积上选择满足条件的元组，表示为： $$R \underset{A\theta B}{\bowtie} S = \sigma R.A\theta S.B(R\times S)$$ 是从关系 R 与 S 的笛卡儿积中，选取 R 的第 i 个属性和 S 的第 j 个属性值之间满足一定条件的元组，这些元组构成的关系是 R × S 的一个子集。 θ 为比较运算符，例：A＞B。 根据 θ 的不同，又分为： 等值连接：A＝B； 自然连接(NJN)：AB 为相同属性组，且去除重复的属性并且等值
左连接	"R 左连接 S"的结果关系是包括所有来自 R 的元组和那些连接字段相等处的 S 的元组。表示为：(R)LJN(S)
右连接	"R 右连接 S"的结果关系是包括所有来自 S 的元组和那些连接字段相等处的 R 的元组。表示为：(R)RJN(S)。其中关系 R 和 S 有相同的属性集合 $(A_1,A_2,\cdots,A_K)$，$R.A_1=S.A_1$ ∧ $R.A_2=S.A_2$ ∧ ⋯ ∧ $R.A_K=S.A_K$
除法	设有关系 R(X,Y)和 S(Y,Z)，其中 X、Y、Z 为属性组。R 中的 Y 与 S 中的 Y 可以名不同，但必须出自同一域集。R 与 S 的除法运算表示为：W=R÷S。 除法操作的结果是产生一个新关系 W。W 是 R 中满足下列条件的元组在 X 属性列上的投影：元组在 X 上的分量值 x 的像集 Yx 包含 S 在 Y 上投影的集合

9. 关系演算

关系演算是把数理逻辑中的谓词演算应用到关系的运算。

关系演算语言按谓词变元不同分为：元组关系演算和域关系演算。关系演算语言的典型代表是 ALPHA 语言。域关系演算语言的典型代表有 QBE(Query By Example)语言。

2.2　典型例题讲解

【例 2.1】　根据"关系的性质"，可以知道，所有的数据库中都不会存储两条完全相同的记录。请给出判断和分析。

答：以上说法是不准确的。

分析：由于关系是二维表，二维表本质上是集合，所有的关系运算都是基于集合的数学运算。从数学定义的角度，集合以及集合运算的性质，也都是关系和关系运算的性质。

严格来讲，二维表的元组、域都是集合。"集合中的任何一个元素都不与其他元素重复，且元素是无序排列的"等性质同样适用于关系。又根据定义，关系为笛卡儿积的有限子集，笛卡儿积不满足交换率等，我们得到了关系的六条性质。这些性质是纯理论的，对关系数据库的设计与开发具有指导意义。

但有的数据库厂商开发的数据库产品，除了为用户提供关系数据库的功能外，也有数据库产品的基本表，并不完全具备上述性质。例如 Oracle、Foxpro 等，它们都允许关系表中存在两个基本点完全相同的元组,除非用户特别定义了相应的约束条件。

因此以上说法是不准确的。

【例 2.2】 有关系 R、S 如图 2.1 所示。计算 $R \cup S$，$R \cap S$，$R - S$，$R \times S$，$\prod_{A \wedge B}(R)$、$\sigma_{C>5}(R)$，$R \underset{C<E}{\bowtie} S$，$R \bowtie S$，$R \div S$

答:答案如图 2.2 所示。

R		
A	B	C
a_1	b_1	5
a_1	b_2	6
a_1	b_3	8
a_1	b_4	12

S	
B	E
b_1	3
b_2	7
b_3	10
b_3	2
b_4	2

图 2.1 关系 R 和 S

$R \cup S$

A	B	C	E
a_1	b_1	5	3
a_1	b_2	6	7
a_1	b_3	8	10
a_1	b_3	8	2
a_1	b_4	12	2

$R \cap S$

B	A
b_1	a_1
b_2	a_1
b_3	a_1
b_4	a_1

$R - S$

A	C
a_1	5
a_1	6
a_1	8
a_1	12

$R \times S$

R.A	R.B	R.C	S.B	S.E
a_1	b_1	5	b_1	3
a_1	b_1	5	b_2	7
a_1	b_1	5	b_3	10
a_1	b_1	5	b_3	2
a_1	b_1	5	b_4	2
a_1	b_2	6	b_1	3
a_1	b_2	6	b_2	7
a_1	b_2	6	b_3	10
a_1	b_2	6	b_3	2
a_1	b_2	6	b_4	2
a_1	b_3	8	b_1	3
a_1	b_3	8	b_2	7
a_1	b_3	8	b_3	10
a_1	b_3	8	b_3	2
a_1	b_3	8	b_4	2
a_1	b_4	12	b_1	3
a_1	b_4	12	b_2	7
a_1	b_4	12	b_3	10
a_1	b_4	12	b_3	2
a_1	b_4	12	b_4	2

$\prod_{A \wedge B}(R)$

A	B
a_1	b_1
a_1	b_2
a_1	b_3
a_1	b_4

$\sigma_{C>5}(R)$

A	B	C
a_1	b_2	6
a_1	b_3	8
a_1	b_4	12

运算 $R \underset{C<E}{\bowtie} S$ 是在 $R \times S$ 中选择 R.C<S.E 的那些元组。

$R \underset{C<E}{\bowtie} S$

R.A	R.B	R.C	S.B	S.E
a_1	b_1	5	b_2	7
a_1	b_1	5	b_3	10
a_1	b_2	6	b_2	7
a_1	b_2	6	b_3	10
a_1	b_3	8	b_3	10

运算 $R \bowtie S$ 是自然联结,是在 $R \times S$ 中选择 R.B=S.B 的那些元组后,再只留一列重复列。

$R \bowtie S$

A	B	C	E
a_1	b_1	5	3
a_1	b_2	6	7
a_1	b_3	8	10
a_1	b_3	8	2
a_1	b_4	12	2

$R \div S$，R 中(A,C)属性组有四组值{{a_1,5},{a_1,6},{a_1,8},{a_1,12}},其中,{a_1,5}的像集为{b_1},{a_1,6}的像集为{b_2},{a_1,8}的像集为{b_3},{a_1,12}的像集为{b_4},S 在 B 上的投影为{b_1,b_2,b_3,b_4}。显然,R 中没有任何值的像集包含了 S 在 B 属性上的投影,所以,$R \div S = \varnothing$。

$R \div S$

A	C

图 2.2 【例 2.2】的关系运算结果

2.3 课后题解析

2.3.1 选择题

1. 设关系 R 和 S 的属性个数分别为 r 和 s,则(R×S)操作结果的属性个数为( )。

    A. r+s   B. r−s   C. r×s   D. max(r,s)

答案:A

※ 知识点说明:

根据笛卡儿积定义:给定一组域 $D_1,D_2,\cdots,D_n$,这些域中可以有相同的。则 $D_1,D_2,\cdots,$ D_n 的笛卡儿积为:$D_1 \times D_2 \times \cdots \times D_n = \{(d_1,d_2,\cdots,d_n) \mid d_i \in D_i, i=1,2,\cdots,n\}$。

$(d_1,d_2,\cdots,d_n)$ 为 n 元组(n-tuple);d_i 为元组的每一分量(Component);Di 为有限集时,其基数为 m_i,则卡积的基数为 $M = m_1 \times m_2 \times \cdots \times m_n$。

注意:$m(R)=r, m(S)=s, m(R*S)=r*s$,指的是元组的个数。

从定义可以得到:笛卡儿积的任一个元组 $D_i = (d_1,d_2,\ldots,d_n)$,可见笛卡儿积的属性的个数是参与运算的每个关系的属性的累加和。

2. 在基本的关系中,下列说法正确的是( )。

    A. 行列顺序有关   B. 属性名允许重名

    C. 任意两个组不允许重复   D. 列是非同质的

答案:C

※ 知识点说明:

关系性质:

(1) 关系必须是有限集;

(2) 卡积无交换率,通过给属性命名取消元组分量的有序性;

① 列同质(homogeneous):分量同类型;

② 不同列可出自同一域;

③ 列的顺序无所谓;

④ 任意两个元组不能完全相同;

⑤ 行的顺序无所谓;

⑥ 分量必须取原子值。

3. 在关系数据模型中,把( )称为关系模式。

    A. 记录   B. 记录类型   C. 元组   D. 元组集

答案:B

※ 知识点说明:关系模式是关系的型,关系是值。

4. 对一个关系做投影操作后,新关系的基数个数( )原来关系的基数个数。

    A. 小于   B. 小于或等于   C. 等于   D. 大于

答案:B

※ 知识点说明:从关系中选出若干列构成新的关系。

5. 关系运算中花费时间可能最长的运算是（　　　　）。

  A. 投影   B. 选择   C. 广义笛卡儿积 D. 并

答案：B

※ 知识点说明：如果选择运算是基于多个关系的，则根据连接运算的定义：在两个关系的笛卡儿积上选择满足条件的元组。表示为：$R \underset{A\theta R}{\bowtie} S = \sigma R. A\theta S. B(R \times S)$，是从关系 R 与 S 的笛卡儿积中，选取 R 的第 i 个属性和 S 的第 j 个属性值之间满足一定条件的元组，这些元组构成的关系是 R × S 的一个子集。

所以需要先进行笛卡儿积运算，之后在运算结果中选择满足条件的元组。所以，花费的时间最长。

2.3.2　填空题

1. 关系中数据完整性规则包括_____、_____、_____、_____。

答案：关系中数据完整性规则包括<u>实体完整性约束</u>、<u>参照完整性约束</u>、<u>DBMS 保证完整性约束</u>、<u>用户自定义完整性约束</u>。

2. 关系代数中专门的关系运算包括_____、_____、_____、_____。

答案：关系代数中专门的关系运算包括<u>选择</u>、<u>投影</u>、<u>连接</u>、<u>除法</u>。

3. 关系数据库的关系演算语言是以_____为基础的 DML 语言。

答案：关系数据库的关系演算语言是以<u>数理逻辑中的谓词演算</u>为基础的 DML 语言。

4. 关系数据库中，关系称为_____，元组亦称为_____，属性亦称为_____。

答案：关系数据库中，关系称为<u>二维表</u>，元组亦称为<u>行</u>，属性亦称为<u>列</u>。

5. 在关系数据模型中，两个关系 R_1 与 R_2 之间存在 $1:m$ 的联系，可能转化成为的关系模式有_____或者_____个。

答案：在关系数据模型中，两个关系 R_1 与 R_2 之间存在 $1:m$ 的联系，可能转化成为的关系模式有<u>2</u>或者<u>3</u>个。

2.3.3　简答题

1. 简述关系数据库的数据完整性。

答案：关系完整性约束包括实体、参照、DBMS 保证、用户自定义。关系完整性约束的特点是集合方式。

2. E-R 模型转换成关系模式有哪些规则。

答案：

E-R 模型转换成关系模式主要分为实体类型的转换、一对多二元关系的转换、多对多二元关系的转换、实体内部之间联系的转换和三元及以上关系的转换。

实体类型：每种实体型可由一个关系模式来表示。实体类型的属性为关系的属性，实体类型的主键作为关系的主键。

一对多的二元关系：

强制性成员类：如果一个实体是某个联系的强制性成员，则在二元关系转化为关系模式的实现方案中要增加一条完整性约束。具体操作为：如果实体类型 E2 在实体类型 E1 的 $n:1$ 联系中是强制性成员，则在 E2 关系模式中要包含 E1 的主属性。

非强制性成员类：如果一个实体是某个联系的非强制性成员，则通常新建一个分离关系来表示这种联系和属性。具体操作为：如果实体类型 E2 在与实体类型 E1 的 $n:1$ 联系中是一个非强制性的成员，则引入一个分离模式来表示联系和属性。分离的关系模式包含 E1 和 E2 的主属性。

多对多的二元关系：$m:n$ 的二元关系通常要引入一个分离关系来表示两个实体类型之间的联系，该关系由两个实体类型的主属性及其联系属性组成。

实体内部之间的联系：

实体内部之间 $1:1$ 的联系：强制的关系，在被强制的成员中包含强制它的成员的主属性。

非强制的关系：引入一个分离关系。

实体内部之间 $1:n$ 的联系：基本与二元实体之间的 $1:n$ 关系的转换原则相同。

实体内部之间 $m:n$ 的联系：参考二元实体的 $m:n$ 关系的转换原则。

三元关系：三个实体及以上的关系，本质上需要通过引入多个分离关系将其转化为两两实体的联系。

2.3.4 综合题

1. 分析学生管理系统，画出 E-R 图，并转换成关系模式。

答案：E-R 图参考第 1 章课后题答案。

根据 E-R 图，并参考各实体之间的关系，得到如下关系模式：

教学院(教学院编号,教学院名称,地址,概述,特色)。

系(系号,系名,教学院编号)。

班级(班号,班名,系号)。

学生(学号,姓名,性别,出生年月,入学时间,职务,班号)。

课程号(课程号,课程名,学分)。

成绩(学号,科目号,成绩)。

2. 分析图书管理系统，画出 E-R 图，并转换成关系模式。

答案：

分析图书管理系统及功能，本题暂给出一个小型的图书管理系统的 E-R 图。如图 2.3 所示。

根据 E-R 图，并参考各实体之间的关系，得到如下关系模式：

新书(ISBN,书名,作者,语种,出版社,出版时间,页数,纸张大小,购入时间,TCP/IP)。

图书管理员(员工编号,身份证号,姓名,性别,出生日期,联系电话,地址,密码)。

图书(馆内编号,ISBN,学科,位置,总本数,剩余本数,操作员工编号,密码,操作时间)。

读者(借阅证号,身份证号,姓名,单位,性别,出生日期,联系电话,地址,密码,照片)。

借阅信息(ISBN,借阅证编号,借阅时间,应还时间,操作员工编号)。

不良借阅记录(ISBN,借阅证编号,应还日期,污毁情况,状态,操作员工编号)。

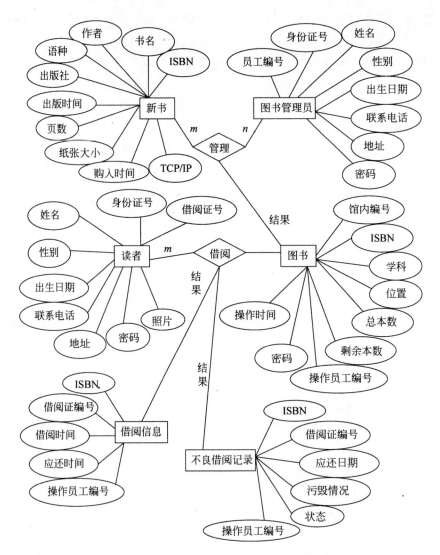

图 2.3　图书管理系统 E-R 图

3. 有关系 R、S，如图 2.4 所示。计算 $R \times S$，$\prod_{3,2}(R)$，$\sigma_{C<5}(R)$，$R \underset{C<E}{\bowtie} S$，$R \bowtie S$，$R \div S$。

R

A	B	C
a_1	b_1	5
a_1	b_2	6
a_2	b_3	8
a_2	b_4	12

S

B	E
b_1	3
b_2	7
b_3	10
b_3	2
b_4	2

图 2.4　关系 R 和 S

答案：运算结果如图 2.5 所示。

R×S

A	B	C	B	E
a_1	b_1	5	b_1	3
a_1	b_1	5	b_2	7
a_1	b_1	5	b_3	10
a_1	b_1	5	b_3	2
a_1	b_1	5	b_4	2
a_1	b_2	6	b_1	3
a_1	b_2	6	b_2	7
a_1	b_2	6	b_3	10
a_1	b_2	6	b_3	2
a_1	b_2	6	b_4	2
a_2	b_3	8	b_1	3
a_2	b_3	8	b_2	7
a_2	b_3	8	b_3	10
a_2	b_3	8	b_3	2
a_2	b_3	8	b_4	2
a_2	b_4	12	b_1	3
a_2	b_4	12	b_2	7
a_2	b_4	12	b_3	10
a_2	b_4	12	b_3	2
a_2	b_4	12	b_4	2

$\prod_{3,2}(R)$

B	C
b_1	5
b_2	6
b_3	8
b_4	12

$\sigma_{C<5}(R)$

A	B	C

$R \underset{C<E}{\bowtie} S$

A	B	C	B	E
a_1	b_1	5	b_2	7
a_1	b_1	5	b_3	10
a_1	b_2	6	b_2	7
a_1	b_2	6	b_3	10
a_2	b_3	8	b_3	10

R⋈S

A	B	C	E
a_1	b_1	5	3
a_1	b_2	6	7
a_2	b_3	8	10
a_2	b_3	8	2
a_2	b_4	12	2

R÷S

A	C

图 2.5 关系 R 和 S 运算的结果图

小结

关系数据库的模型包括关系数据结构、关系的完整性及其关系操作。

关系数据结构的形式化定义,是以集合运算和笛卡儿积运算为基础的。关系的性质对数据库设计有指导意义。

EER 模型转化为关系模式分为实体关系的转化、一对多二元关系的转化、多对多二元关系的转化、实体内部之间联系的转化、三元及以上关系的转化。其中一对多关系还分为强制性成员和非强制性成员两种。

关系运算包括传统的集合运算和专门的关系运算两种。

关系演算包括元组关系演算和域关系演算两种。

第3章 关系数据库设计理论

学习目标

- 了解数据库设计中存在的问题。
- 了解函数依赖的概念。
- 掌握范式的使用。
- 掌握函数依赖的公理系统。

知识脉络图

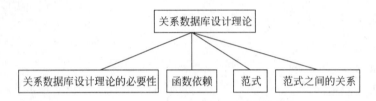

3.1 重点难点解析

1. 数据库设计遵循设计原理的必要性

学习数据库设计原理的几个疑问如表 3.1 所示。

表 3.1　关于数据库设计原理的疑问

问　　题	解　　答
是否可以随意安排数据模式?	——不可以! 因为错误的或者不合理的关系模式必然会在数据库进行增、删、改、查操作时,发生种种异常
设计好的数据库是否实用、高效,或者是否合理、正确?	——按照将 EER 模型转化为关系模式的理论方法进行数据库模式设计是不会出现太大问题的。 ——关系数据库设计理论验证、解释了转化原理的必要性和有效性
为什么还需要学习关系数据库设计理论?	——能够明确关系模式结构、确定属性、细致修改、验证关系模式

2. (重点难点※※)函数依赖

函数依赖的概念说明如表 3.2 所示。

表 3.2　与函数依赖有关的概念

概念名称	概念内容	说明
数据依赖	一个实体型的诸属性之间具有内在的联系，通过对这些联系的分析，我们可以做到一个关系模式只表示一个实体型的信息，从而消除问题。在关系模型中，实体类型属性间这种相互依赖又相互制约的关系称为数据依赖	函数依赖是数据依赖中最重要的数据间关系。 分析函数依赖关系可以改造性能较差的关系模式集合
函数依赖	设 R(U) 是属性集 U 上的关系模式，X，Y$\subseteq$U，r 是 R(U) 上的任意一个关系，如果对任意两个元组 t、s，若 t[X] = s[X]，则 t[Y] = s[Y]，那么称"X 函数决定 Y"，或"Y 函数依赖于 X"，记作 X→Y。称 X 为决定因素或决定属性集	函数依赖是不随时间而变的。 函数依赖与属性间的联系类型有关。当 X、Y 之间是"1 对 1"联系时，则存在函数依赖 X→Y 和 Y→X。当 X、Y 之间是"多对 1"联系时，则存在函数依赖 X→Y。当 X、Y 之间是"多对多"联系时，则不存在函数依赖 函数依赖不是指关系模式 R 的某个或某些元组满足的约束条件，而是指 R 的一切元组均要满足的约束条件 函数依赖是现实世界中属性间关系的客观存在和数据库设计者的人为强制相结合的产物
平凡函数依赖	如果 X→Y，Y$\not\subseteq$X，则称其为非平凡的函数依赖，否则称为平凡的函数依赖	例：(SNO,SNAME)→SNAME 是平凡的函数依赖
部分函数依赖	在 R(U) 中，如果 X→Y，且对于任意 X 的真子集 X'，都有 X'$\not\rightarrow$Y，则称 Y 对 X 完全函数依赖，记作 $X \xrightarrow{f} Y$，否则称为 Y 对 X 部分函数依赖，记作 $X \xrightarrow{p} Y$	$(SNO,CNO) \xrightarrow{f} G$ $(SNO,CNO) \xrightarrow{p} SNAME$
传递函数依赖	在 R(U) 中，如果 X→Y，Y→Z，且 X 不包含 Y，Y$\not\rightarrow$X，则称 Z 对 X 传递函数依赖	例：SNO→DEPT，DEPT→HEAD，HEAD 对 SNO 传递函数依赖

3. 键

键的概念说明如表 3.3 所示。

表 3.3　键的相关概念

概念名称	概念内容	说明
超键	设 K 为 R(U，F) 的属性或属性组，若 K→U，则称 K 为 R 的超键	例：SNO→U， (SNO,SNAME)→U
候选键	设 K 为 R(U，F) 的属性或属性组，若 K 满足以下条件，则称 K 为 R 的一个候选键。 条件 1：K→U。 条件 2：不存在 K 的真子集 Z 使得 Z→U 成立。 或者：设 K 为 R(U，F) 的超键，若 $K \xrightarrow{f} U$，则称 K 为 R 的候选键	例：SNO→U

概念名称	概念内容	说　明
主键	若 R(U，F)有多个候选键，则可以从中选定一个作为 R 的主键。 主键是唯一确定一个实体的最少属性的集合	例：S 关系模式中的 SNO，SC 关系模式中的(SNO,CNO)
键属性	包含在任何一个候选键中的属性，称作键属性	
非键属性	不包含在任何一个候选键中的属性，称作非键属性	
全键	关系模式的键由整个属性组构成	

4.（重点难点※※）范式

范式的各概念如表 3.4 所示。

表 3.4　范式相关概念表

概念名称	概念内容	说　明
范式	范式是对关系的不同数据依赖程度的要求。如果一个关系满足某个范式所指定的约束集，则称它属于某个特定的范式	
规范化	一个低一级范式的关系模式，通过模式分解可以转换为若干个高级范式的关系模式的集合，这一过程称作规范化	
1NF	关系中每一分量必须是原子的，不可再分。即不能以集合、序列等作为属性值	
2NF	若 R∈1NF，且每个非键属性完全依赖于键，则称 R∈2NF	将 1NF 的关系模式规范化为 2NF 的关系模式，其方法是消除 1NF 的关系模式中非键属性对键的部分依赖
传递函数依赖	在关系模式 R(U)中，如果 X→Y，Y→Z，并且 X 不包含 Y，Y↛X，则称 Z 对 X 传递函数依赖	
3NF	关系模式 R(U，F)中，若不存在这样的键 X，属性组 Y 及非键属性 Z(Z⊈Y)，使得 X→Y，Y→Z，Y↛X 成立，则称 R∈3NF	将 2NF 的关系模式规范化为 3NF 的关系模式，其方法是消除 2NF 的关系模式中非键属性对键的传递依赖
BCNF 范式	若关系模式 R(U，F)∈1NF，如果对于 R 的每个函数依赖 X→Y，且 Y⊈X 时，X 必含有键，则 R(U ，F)∈BCNF	由 BCNF 的定义可以看到，每个 BCNF 的关系模式都具有如下 3 个性质： (1) 所有非键属性都完全函数依赖于每个候选键。 (2) 所有键属性都完全函数依赖于每个不包含它的候选键。 (3) 没有任何属性完全函数依赖于非键的任何一组属性。 即如果关系模式 R 的每一个决定因素都包含键，则 R 属于 BCNF 范式(不存在非键决定因素)

36

概念名称	概念内容	说　明
多值依赖	描述型定义：设 R(U)是属性集 U 上的一个关系模式，X、Y、Z 是 U 的子集，并且 Z＝U－X－Y，关系模式 R(U)中多值依赖 X→→Y 成立，当且仅当在 R(U)的任一关系 r 中，对给定的 X 属性值，都有一组 Y 的值与之对应，而与其他属性 Z 值无关	例：在关系模式 TEACH 中，对(物理,普通物理学)有一组 P# 值(张明,张平)，对(物理,光学原理)也有一组 P# 值(张明,张平)，这组值仅取决于 C# 的取值，而与 B# 的取值无关。因此,P# 多值依赖于 C#,记作 C#→→P#,同样有 C#→→B#
	形式化定义：在 R(U)的任一关系 r 中，如果存在元组 t、s，使得 t[x]＝s[x]，那么就必然存在元组 w、v∈r(w,v 可以与 s、t 相同)，使得： w[X]＝s[X]＝v[X]＝t[X] w[Y]＝t[Y],v[Y]＝s[Y] w[Z]＝s[Z],v[Z]＝t[Z] 则称 Y 多值依赖于 X,记作 X→→Y	例：若(C#,P#,B#)满足 C#→→P#,含有元组 t＝(物理,张明,普通物理学)，s＝(物理,张平,光学原理)，则也一定含有元组 w＝(物理,张明,光学原理)，v＝(物理,张平,普通物理学)
	多值依赖性质： (1) 多值依赖具有对称性，即若 X→→Y，则 X→→Z，其中 Z＝U－X－Y。 (2) 函数依赖是多值依赖的特例，即若 X→Y，则 X→→Y。 (3) 若 X→→Y，U－X－Y＝φ，则称 X→→Y 为平凡的多值依赖	
4NF	关系模式 R(U，F)∈1NF，如果对于 R 到每个非平凡的多值依赖 X→→Y(Y⊆X)，X 都含有键，则称 R∈4NF	4NF 就是限制关系模式的属性之间不允许有非平凡且非函数依赖的多值依赖。因为根据定义，对于每一个非平凡的多值依赖 X→→Y,X 都含有候选键,于是就有 X→Y,所以 4NF 所允许的非平凡的多值依赖实际上是函数依赖。 例：关系模式 CPB,C#→→P#,C#→→B#,键为(C#,P#,B#)，所以 CPB∉4NF。如果一门课 C_i 有 m 个教师,n 本参考书,则关系中分量为 C_i 的元组共有 $m×n$ 个,数据冗余非常大。改造：将 CPB 分解为 CP(C#,P#),CB(C#,B#)

5.（重点※）范式之间的关系

范式（简称 NF）从低级到高级依次可分为 1NF、2NF、3NF、BCNF、4NF、5NF 乃至更高。即 5NF⊂4NF⊂BCNF⊂3NF⊂2NF⊂1NF。

3.2　典型例题讲解

【例 3.1】　请说明 1NF、2NF、3NF、BCNF、4NF 之间的联系和区别。

答：

联系：

范式(简称 NF)从低级到高级依次可分为 1NF、2NF、3NF、BCNF、4NF，它们的规范化程度是依次加强的，并且 4NF⊂BCNF⊂3NF⊂2NF⊂1NF。

区别：

1NF 的主要判断依据是：每个属性是否满足原子性。

2NF 的主要判断依据是：所有非键属性必须完全函数依赖于键。将满足 1NF 的关系模式中的部分函数依赖取消，可得规范化的 2NF 关系模式。

3NF 的主要判断依据是：属性之间不存在传递函数依赖。将满足 2NF 的关系模式中的传递依赖取消，可得规范化的 3NF 关系模式。

BCNF 的主要判断依据是：起决定作用的属性必须包含键。将满足 3NF 的关系模式中的不含键的起决定作用的属性及其函数依赖进行化简，得到明确的满足 BCNF 的关系模式。

BCNF 之前的所有范式适用于规范两个实体及其之间的关系。4NF 是用来规范化三个实体之间关系的，做法一般是将模式分解为两两实体之间的关系。

【例 3.2】　请把以下两个关系模式分别规范化到 BCNF 范式，并给出规范原因。

（1）BuyerID　　　　Name
　　　　1　　　　　1 班石磊
　　　　2　　　　　2 班张明
　　　　3　　　　　3 班刘丽
　　　　4　　　　　4 班陈英

（2）Student(SNO,SNAME,DEPT,HEAD,CNO,G)，对应的字段含义依次是学号，学生姓名，教学院，院长，科目号，成绩。

答：(1)不符合 1NF，表中字段破坏了属性的原子性。修改结果：

BuyerID	Class	Name
1	1	石磊
2	2	张明
3	3	刘丽
4	4	陈英

（2）既不符合 2NF、3NF，也不符合 BCNF。

① Student(SNO,SNAME,DEPT,HEAD,CNO,CNAME,G)中 SNO→SNAME，SNO→DEPT→HEAD，CNO→CNAME，(SNO,CNO)→G，存在不完全依赖于键的属性，所以经过 2NF 审核修改的结果是：

Student(SNO, SNAME, DEPT, HEAD)

Cource(CNO,CNAME)

Score(SNO, SNAME, CNO, CNAME, G)

② 但是 Student(SNO, SNAME, DEPT, HEAD)中 HEAD 传递依赖于 SNO,所以经过 3NF 审核修改的结果是:

Student(SNO, SNAME, DEPT)

DEPT(DEPT, HEAD)

③ 但是 Score(SNO, SNAME, CNO, CNAME, G)中 SNO→SNAME, CNO→CNAME,(SNO, CNO)→G,不是所有起决定作用的属性中都包含键,所以不符合 BCNF 范式。

经过修改:

Score(SNO, CNO, G)

3.3 课后题解析

3.3.1 选择题

1. 关系模式中数据依赖问题的存在,可能会导致库中数据插入异常,这是指( )。

    A. 插入了不该插入的数据

    B. 数据插入后导致数据库处于不一致状态

    C. 该插入的数据不能实现插入

    D. 以上都不对

答案:C

※ 知识点说明:

假设有关系模式 S(SNO, SNAME, DEPT, HEAD, CNO, G)(学生(学号,学生姓名,系,系领导,科目号,学生成绩)),如果一个系刚成立没有学生,或者有了学生但学生尚未选课,那么就无法将这个系及其负责人的信息插入数据库,从而导致插入异常。

可能产生的其他异常有如下几种。

删除异常:如果某个系的全部学生都毕业了,则删除该系学生及其选修课程的同时,把这个系及其负责人的信息也丢掉了。

数据冗余:学生及其所选课程很多,而系主任只有一个,但其却要和学生及其所选课程出现的次数一样多。

更新异常:如果某个系要更换系主任,就必须修改这个系学生所选课程的每个元组,修改其中的系主任信息。若有疏忽,就会造成数据的不一致。

2. 关系模式中的候选键( )。

    A. 有且仅有一个   B. 必然有多个   C. 可以有一或多个 D. 以上都不对

答案:C

※ 知识点说明:

关于关系模式候选码的定义:可唯一标识每一元组的属性(组),一个元组中满足这样条件的候选码至少是有一个的。

从键的定义也可看出,满足这样条件的候选键不是唯一的。

候选键：设 K 为 R(U，F)的属性或属性组，若 K 满足以下条件，则称 K 为 R 的一个候选键：

条件 1：K→U；

条件 2：不存在 K 的真子集 Z 使得 Z→U 成立。

或者：设 K 为 R(U，F)的超键，若 $K \xrightarrow{f} U$，则称 K 为 R 的候选键。

3. 规范化的关系模式中，所有属性都必须是( )。

  A. 相互关联的 B. 互不相关的 C. 不可分解的 D. 长度可变的

答案：C

※ 知识点说明：

1NF：关系中每一分量必须是原子的，不可再分。即不能以集合、序列等作为属性值。而 1NF 是规范的关系模式所需满足的最低级别的范式约束。

4. 设关系模式 R 属于第一范式，若在 R 中消除了部分函数依赖，则 R 至少属于( )。

  A. 第一范式 B. 第二范式 C. 第三范式 D. 第四范式

答案：B

※ 知识点说明：

2NF：若 R∈1NF，且每个非键属性完全依赖于键，则称 R∈2NF。

将 1NF 的关系模式规范化为 2NF 的关系模式，其方法是消除 1NF 的关系模式中非键属性对键的部分依赖。

5. 若关系模式 R 中的属性都是主属性，则 R 至少属于( )。

  A. 第三范式 B. BC 范式 C. 第四范式 D. 第五范式

答案：B

※ 知识点说明：

根据关系模式形式化的定义："主码(Primary key)，候选码中选择其一称为主码。相应属性组为主属性。"所以，当关系模式中的属性都是主属性的时候，意味着这个关系模式只有一个主码，即主键。

而由于键定义"全键：关系模式的键由整个属性组构成。"所以此关系模式为全键的关系模式。

所以，完全满足 BCNF 的要求：每一个决定因素都包含键的要求。

从 4NF 的定义可以看出，为了保证在关系模式的每一个多值依赖中，起决定作用的属性组必须包含有键，因此全键形式的模式不属于 4NF，是需要经过规范化操作，才能符合 4NF 的。

3.3.2 填空题

1. 一个不好的关系模式会存在＿＿＿＿异常、＿＿＿＿异常和＿＿＿等弊端。

答案：一个不好的关系模式会存在插入异常、删除异常和修改异常等弊端。

2. 设 X→Y 为 R 上的一个函数依赖，若＿＿＿＿，则称 Y 完全函数依赖于 X。

答案：设 X→Y 为 R 上的一个函数依赖，若对于任意 X 的真子集 X′，都有 X′ ↛ Y，则称 Y 完全函数依赖于 X。

3. 包含 R 中全部属性的候选键称_____。不在任何候选键中的属性称_____。

答案：包含 R 中全部属性的候选键称全键。不在任何候选键中的属性称非键属性。

4. Armstrong 公理系统是_____的和_____的。

答案：Armstrong 公理系统是有效性的和完备的。

※ 知识点说明：

函数依赖的公理系统各概念说明如表 3.5 所示。

表 3.5 函数依赖的公理系统相关概念

概念名称	概念内容
Armstrong 公理	设有关系模式 R(U),U 是 R 的属性集,X、Y、Z 和 W 均是 U 的子集,F 是 R 的函数依赖集
推理规则	A1(自反律,Reflexivity)如果 Y⊆X⊆U,则 X→Y; A2(增广律,Augmentation)如果 X→Y,则 XZ→YZ; A3(传递律,Transitivity)如果 X→Y, Y→Z,则 X→Z
公理的正确性【定理】	【定理】Armstrong 公理是正确的
Armstrong 公理系统的有效性和完备性	Armstrong 公理系统的有效性指的是：由 R 出发根据 Armstrong 公理系统推导出来的每一个函数依赖一定是 R 所逻辑蕴含的函数依赖
	Armstrong 公理系统的完备性指的是：对于 R 所逻辑蕴含的一函数依赖,必定可以由 R 出发根据 Armstrong 公理系统推导出来
公理的推论	(1) 合成规则(Union Rule) 若 X→Y 与 X→Z 成立,则 X→YZ 成立。因为 X→Y,所以 X→XY; 又 X→Z,于是 XY→YZ,所以有 X→YZ。 (2) 伪传递规则(Pseudotransitivity Rule) 若 X→Y 与 WY→Z 成立,则 XW→Z 成立。 因为 X→Y,于是 XW→WY,所以有 XW→Z。 (3) 分解规则(Decomposition Rule) 若 X→Y 成立,且 Z⊆Y,则 X→Z 成立。 因为 Z⊆Y,于是 Y→Z,根据已知条件 X→Y,所以 X→Z 成立 从合成规则和分解规则可得出一个重要的结论：如果 A_1,A_2,$\cdots$,A_n 是关系模式 R 的属性,则 X→A_1,A_2,$\cdots$,A_n 的充分必要条件是 X→A_i($i=1,2,\cdots,n$)均成立

5. 第三范式是基于_____依赖的范式,第四范式是基于_____依赖的范式。

答案：第三范式是基于函数依赖的范式,第四范式是基于多值依赖的范式。

3.3.3 简答题

1. 解释术语的含义：函数依赖、平凡函数依赖、非平凡函数依赖、部分函数依赖、完全函数依赖、传递函数依赖、范式、无损连接性、依赖保持性。

答案：其余的术语解释详见教材或者本书本章节的 3.1 重点难点解析。这里只给出无损连接性和依赖保持性的术语解释。

根据函数依赖的公理系统中的模式分解理论,其含义解释如下。

无损连接性：

设有关系模式 R(U,F),分解成关系模式 $\rho = \{R_1(U_1,F_1), \cdots, R_k(U_k,F_k)\}$,其中,$U_i \not\subset$

U$_j$($i \neq j$)，若对于关系 R(U,F)的任一关系 r 都有

$$r = \pi_{U_1}(r) \bowtie \pi_{U_2}(r) \bowtie \cdots \bowtie \pi_{U_k}(r)$$

则称 ρ 具有无损连接性，其中 $\pi_{U_1}(r)$是关系 r 在 U$_i$上的投影，$\bowtie$ 为自然连接。

依赖保持性：

设有关系模式 R(U,F)，分解成关系模式 $\rho = \{R_1(U_1,F_1), \cdots, R_k(U_k,F_k)\}$，若 $F^+ = \left(\bigcup_{i=1}^{k} F_i\right)$则称 ρ 保持函数依赖，或 ρ 没有丢失语义。

2. 给出 2NF、3NF、BCNF 的形式化定义，并说明它们之间的区别和联系。

答案：2NF、3NF、BCNF 的形式化定义详见教材或者本书本章的 3.1 重点难点解析。

联系：3 个范式的规范化程度逐步加深，并且 BCNF⊂3NF⊂2NF。

区别：满足 2NF 的关系模式，取消其属性中的传递依赖，进行规范化后，形成的新关系模式满足 3NF；而在满足 3NF 的关系模式中，要求所有起决定作用的属性必须包含键，如此简化和明确关系模式中的属性，如此规范化后的新的关系模式满足 BCNF。

3. 试证明全码的关系必是 3NF，也必是 BCNF。

证明：因为全码的关系模式中的主键是由关系模式所有的属性组成的。

所以满足 BCNF 的：起决定作用的属性必须包含键的要求。

因此这样的关系必是 BCNF。

又因为 BCNF⊂3NF，

所以此关系模式也必是 3NF。

4. 要建立关于系、学生、班级、研究会等信息的一个关系数据库。规定：一个系有若干专业、每个专业每年只招一个班，每个班有若干学生，一个系的学生住在同一个宿舍区。每个学生可参加若干研究会，每个研究会有若干学生。学生参加某研究会，有一个入会年份。

描述学生的属性有：学号、姓名、出生年月、系名、班号、宿舍区。

描述班级的属性有：班号、专业名、系名、人数、入校年份。

描述系的属性有：系号、系名、系办公室地点、人数。

描述研究会的属性有：研究会名、成立年份、地点、人数。

试给出上述数据库的关系模式；写出每个关系的最小依赖集（即基本的函数依赖集，不是导出的函数依赖）；指出是否存在传递函数依赖；对于函数依赖左部是多属性的情况，讨论其函数依赖是完全函数依赖还是部分函数依赖，指出各关系的候选键、外部键。

答案：

① 分析此关系数据库系统，根据给定的条件，首次得到数据库系统中有实体：学生、班级、系、研究会。

各实体之间的关系：系和班级是一对多的强制关系，班级和学生是一对多的强制关系，学生和研究会是多对多的参会关系。由此初步得到如下的关系模式：

学生(学号,姓名,出生年月,系名,班号,宿舍区)；

班级(班号,专业名,系名,人数,入校年份)；

系(系号,系名,系办公室地点,人数)；

研究会(研究会名,成立年份,地点,人数)；

参会(学号,姓名,研究会名,入会时间,活动信息)。

② 使用范式规范化如上关系模式：

学生模式中的函数依赖，学号→姓名

学号→出生年月

学号→班号→系名

学号→宿舍区

其中，学号→班号→系名属于传递函数依赖。取消此传递函数依赖，而系名已经在系的关系模式中说明，因此学生关系模式最终确定为：

学生(学号，姓名，出生年月，班号，宿舍区)。

班级模式中的函数依赖：班号→专业名→系名

班号→人数

班号→入校年份

其中，班号→专业名→系名属于传递函数依赖。取消此传递函数依赖，得到关系模式如下：

班级(班号，专业号，人数，入校年份)；

专业(专业号，专业名称，系号)；

系(系号，系名，系办公室地点，人数)。

其中系的关系模式中的函数依赖关系：系号→系名

系号→系办公室地点

系号→人数

考虑到研究会有可能重名的情况，所以增加属性：研究会号。得到：

研究会(研究会号，研究会名，成立年份，地点，人数)。

研究会模式中的函数依赖：研究会号→研究会名

研究会号→成立年份

研究会号→地点

研究会号→人数

尤其可将模式参会补充：参会(学号，姓名，研究会号，研究会名，入会时间，活动信息)

参会模式中的函数依赖：假设没有重名的学生和研究会，

学号→姓名

研究会号→研究会名

(学号，研究会号)→姓名

(学号，研究会名)→姓名

(学号，研究会号)→研究会名

(姓名，研究会号)→研究会名

(学号，研究会号)→入会时间

(学号，姓名，研究会号，研究会名)→入会时间

(学号，姓名，研究会号)→入会时间

(学号，姓名，研究会名)→入会时间

(学号，研究会号，研究会名)→入会时间

(姓名，研究会号，研究会名)→入会时间

(学号,研究会名)→入会时间

(姓名,研究会名)→入会时间

(学号,研究会号)→活动信息

(学号,姓名,研究会号,研究会名)→活动信息

(学号,姓名,研究会号)→活动信息

(学号,姓名,研究会名)→活动信息

(学号,研究会号,研究会名)→活动信息

(姓名,研究会号,研究会名)→活动信息

(学号,研究会名)→活动信息

(姓名,研究会名)→活动信息

由部分函数依赖的定义,若起决定作用的属性组中存在子集仍能决定右侧的属性组,即属于部分函数依赖,否则是完全函数依赖,所以:

(学号,研究会号)→姓名:部分函数依赖

(学号,研究会名)→姓名:部分函数依赖

(学号,研究会号)→研究会名:部分函数依赖

(姓名,研究会号)→研究会名:部分函数依赖

(学号,研究会号)→入会时间:完全函数依赖

(学号,姓名,研究会号,研究会名)→入会时间:部分函数依赖

(学号,姓名,研究会号)→入会时间:部分函数依赖

(学号,姓名,研究会名)→入会时间:部分函数依赖

(学号,研究会号,研究会名)→入会时间:部分函数依赖

(姓名,研究会号,研究会名)→入会时间:部分函数依赖

(学号,研究会名)→入会时间:完全函数依赖

(姓名,研究会名)→入会时间:完全函数依赖

(学号,研究会号)→活动信息:完全函数依赖

(学号,姓名,研究会号,研究会名)→活动信息:部分函数依赖

(学号,姓名,研究会号)→活动信息:部分函数依赖

(学号,姓名,研究会名)→活动信息:部分函数依赖

(学号,研究会号,研究会名)→活动信息:部分函数依赖

(姓名,研究会号,研究会名)→活动信息:部分函数依赖

(学号,研究会名)→活动信息:完全函数依赖

(姓名,研究会名)→活动信息:完全函数依赖

为了消除操作可能产生的异常,要求满足每一个起决定作用的属性必须包含键,而函数依赖:学号→姓名,研究会号→研究会名不满足此要求,所以规范化关系如下:

参会(学号,研究会号,入会时间,活动信息)。

③ 最终得到关系模式如下,其中属性下画横线的是键,属性下画虚线的是外键,如下所示:

学生(学号,姓名,出生年月,班号,宿舍区);

班级(班号,专业号,人数,入校年份);

专业(<u>专业号</u>,专业名称,<u>系号</u>);

系(<u>系号</u>,系名,系办公室地点,人数);

研究会(<u>研究会号</u>,研究会名,成立年份,地点,人数);

参会(<u>学号</u>,<u>研究会号</u>,入会时间,活动信息)。

小结

平凡函数依赖:如果 $X \rightarrow Y$,但 $Y \not\subseteq X$,则称其为非平凡的函数依赖,否则称为平凡的函数依赖。如(SNO,SNAME)→SNAME 是平凡的函数依赖。

部分函数依赖:在 R(U)中,如果 $X \rightarrow Y$,且对于任意 X 的真子集 X',都有 $X' \not\rightarrow Y$,则称 Y 对 X 完全函数依赖,记作 $X \xrightarrow{f} Y$,否则称为 Y 对 X 部分函数依赖,记作 $X \xrightarrow{p} Y$。例如:

$$(SNO,CNO) \xrightarrow{f} G$$

$$(SNO,CNO) \xrightarrow{p} SNAME$$

传递函数依赖:在 R(U)中,如果 $X \rightarrow Y$,$Y \rightarrow Z$,且 X 不包含 Y,$Y \not\rightarrow X$,则称 Z 对 X 传递函数依赖。

1NF 的主要判断依据是:每个属性是否满足原子性。

2NF 的主要判断依据是:所有非键属性必须完全函数依赖于键。

3NF 的主要判断依据是:属性之间不存在传递函数依赖。

BCNF 的主要判断依据是:起决定作用的属性必须包含键。

BCNF 之前的所有范式适用于规范两个实体及其之间的关系。4NF 是用来规范化三个实体之间关系的,做法一般是将模式分解为两两实体之间的关系。

范式之间的关系是:$4NF \subset BCNF \subset 3NF \subset 2NF \subset 1NF$。

范式是检查数据库设计是否合理的标准,函数依赖是理解范式的重要概念。各级别的范式规范,是解释数据库设计所遵循的理论的重要依据。

第 2 篇

应用篇——数据库应用技术
SQL Server 2012

第4章 使用 SQL Server 设计数据库

学习目标

- 了解 SQL Server 组成及功能。
- 掌握数据库的创建。
- 熟练掌握数据表的创建。

知识脉络图

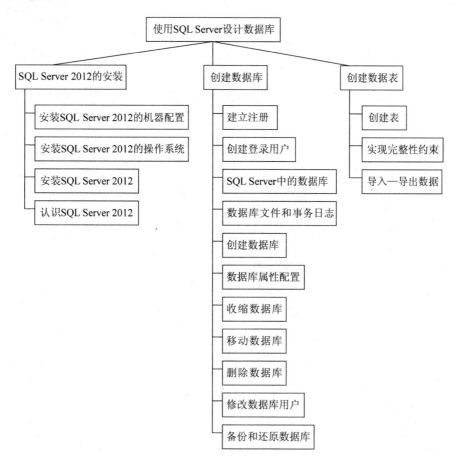

4.1　重点难点解析

1. 安装 SQL Server 2012 的机器配置

SQL Server 2012 主要分为 SQL Server Enterprise Core 版(企业版)、SQL Server 2012 Enterprise Server /Cal Edition 版(服务器/CAL 版)、SQL Server Business Intelligence 版(商业智能企业版)、SQL Server Standard 版(标准版)、SQL Server Web 版(专业版)、SQL Server Developer 版(开发版)以及 SQL Server Express 版(延伸版)。不同版本的安装要求有所不同。安装 SQL Server 2012 所有版本都至少要求 6GB 的硬盘空间,从磁盘安装时需要相应的 DVD 驱动器,显示器需要具有 Super VGA(800×600)或更高分辨率等,具体硬件要求见表 4.1。

表 4.1　安装 SQL Server 2012 的最低硬件要求

硬件名称	最 小 配 置
硬盘	最低 6GB 的可用硬盘空间
驱动器	从磁盘安装要求 DVD 驱动器
显示器	SQL Server 2012 要求 Super VGA(800×600)或更高分辨率的显示器
Internet	安装 SQL Server Express 版本,需要连接 Internet
内存	最低要求:Express 版本为 512MB;所有其他版本为 1GB
处理器	速度: X86 处理器:1.0GHz X64 处理器:1.4GHz 类型: X64 处理器:AMD Opteron、AMD Athlon 64、支持 IntelEM64T 的 Intel Xeon、支持 EM64T 的 Intel Pentium IV X86 处理器:Pentium III 兼容处理器或更快

2. 安装 SQL Server 2012 的操作系统

安装 SQL Server 2012 会自动安装 Visual Studio 2010。为了确保 Visual Studio 组件可以正确安装,SQL Server 2012 安装程序会先检查此更新是否存在,若不存在,则会要求用户在继续安装 SQL Server 2012 前先下载并安装此更新。为避免在 SQL Server 2012 安装期间中断,在运行安装程序之前,先安装 Windows Update 上提供的 .NET 3.5 SP1 的所有更新。但近两年来,联网的 Windows 各操作系统以打补丁的方式,都自动地将 .NET4.0 及以下的几种 .NET 组件安装到操作系统中。所以基本不需要再安装更新。

安装 SQL Server 2012 操作系统的选择:

(1) 在使用 Windows Vista SP2 或 Windows Server 2008 SP2 操作系统的计算机上安装 SQL Server 2012,可以从使用的系统上获得所需更新。

(2) 在使用 Windows 7 SP1 及以上版本或 Windows Server 2008 R2 SP1 及以上版本操作系统的计算机上安装 SQL Server 2012,则已包含此更新。

（3）通过 Terminal Services Client 启动安装程序，SQL Server 2012 的安装将失败。不支持通过 Terminal Services Client 启动 SQL Server 安装程序。

所以支持安装 SQL Server 2012 的操作系统版本只有：Windows Vista SP2、Windows Server 2008 SP2（需要安装更新），Windows 7 SP1 及以上版本、Windows Server 2008 R2 SP1 及以上版本（不需安装更新）。

SQL Server 2012 分为 32 位和 64 位两种，可以分别安装在 32 位或者 64 位的操作系统上，当然 32 位的 SQL Server 2012 也可以安装在 64 位的操作系统上。不同的操作系统安装的 SQL Server 2012 版本有所不同，操作系统所需要的条件也不一致。具体见表 4.2 所示。

表 4.2 SQL Server 2012 主要版本与操作系统安装要求

SQL Server 2012 版本	32 位的 SQL Server 2012 能安装的操作系统版本	64 位的 SQL Server 2012 能安装的操作系统版本
SQL Server Enterprise	Windows Server 2008 R2 SP1 64 位 Datacenter Windows Server 2008 R2 SP1 64 位 Enterprise Windows Server 2008 R2 SP1 64 位 Standard Windows Server 2008 R2 SP1 64 位 Web Windows Server 2008 SP2 64 位 Datacenter Windows Server 2008 SP2 64 位 Enterprise Windows Server 2008 SP2 64 位 Standard Windows Server 2008 SP2 64 位 Web Windows Server 2008 SP2 32 位 Datacenter Windows Server 2008 SP2 32 位 Enterprise Windows Server 2008 SP2 32 位 Standard Windows Server 2008 SP2 32 位 Web	Windows Server 2008 R2 SP1 64 位 Datacenter Windows Server 2008 R2 SP1 64 位 Enterprise Windows Server 2008 R2 SP1 64 位 Standard Windows Server 2008 R2 SP1 64 位 Web Windows Server 2008 SP2 64 位 Datacenter Windows Server 2008 SP2 64 位 Enterprise Windows Server 2008 SP2 64 位 Standard Windows Server 2008 SP2 64 位 Web
SQL Server 商业智能	Windows Server 2008 R2 SP1 64 位 Datacenter Windows Server 2008 R2 SP1 64 位 Enterprise Windows Server 2008 R2 SP1 64 位 Standard Windows Server 2008 R2 SP1 64 位 Web Windows Server 2008 SP2 64 位 Datacenter Windows Server 2008 SP2 64 位 Enterprise Windows Server 2008 SP2 64 位 Standard Windows Server 2008 SP2 64 位 Web Windows Server 2008 SP2 32 位 Datacenter Windows Server 2008 SP2 32 位 Enterprise Windows Server 2008 SP2 32 位 Standard Windows Server 2008 SP2 32 位 Web	Windows Server 2008 R2 SP1 64 位 Datacenter Windows Server 2008 R2 SP1 64 位 Enterprise Windows Server 2008 R2 SP1 64 位 Standard Windows Server 2008 R2 SP1 64 位 Web Windows Server 2008 SP2 64 位 Datacenter Windows Server 2008 SP2 64 位 Enterprise Windows Server 2008 SP2 64 位 Standard Windows Server 2008 SP2 64 位 Web

52

SQL Server 2012 版本	32 位的 SQL Server 2012 能安装的操作系统版本	64 位的 SQL Server 2012 能安装的操作系统版本
SQL Server Standard	Windows Server 2008 R2 SP1 64 位 Datacenter Windows Server 2008 R2 SP1 64 位 Enterprise Windows Server 2008 R2 SP1 64 位 Standard Windows Server 2008 R2 SP1 64 位 Foundation Windows Server 2008 R2 SP1 64 位 Web Windows 7 SP1 64 位 Ultimate Windows 7 SP1 64 位 Enterprise Windows 7 SP1 64 位 Professional Windows 7 SP1 32 位 Ultimate Windows 7 SP1 32 位 Enterprise Windows 7 SP1 32 位 Professional Windows Server 2008 SP2 64 位 Datacenter Windows Server 2008 SP2 64 位 Enterprise Windows Server 2008 SP2 64 位 Standard Windows Server 2008 SP2 64 位 Foundation Windows Server 2008 SP2 64 位 Web Windows Server 2008 SP2 32 位 Datacenter Windows Server 2008 SP2 32 位 Enterprise Windows Server 2008 SP2 32 位 Standard Windows Server 2008 SP2 32 位 Web Windows Vista SP2 64 位 Ultimate Windows Vista SP2 64 位 Enterprise Windows Vista SP2 64 位 Business Windows Vista SP2 32 位 Ultimate Windows Vista SP2 32 位 Enterprise Windows Vista SP2 32 位 Business	Windows Server 2008 R2 SP1 64 位 Datacenter Windows Server 2008 R2 SP1 64 位 Enterprise Windows Server 2008 R2 SP1 64 位 Standard Windows Server 2008 R2 SP1 64 位 Foundation Windows Server 2008 R2 SP1 64 位 Web Windows 7 SP1 64 位 Ultimate Windows 7 SP1 64 位 Enterprise Windows 7 SP1 64 位 Professional Windows Server 2008 SP2 64 位 Datacenter Windows Server 2008 SP2 64 位 Enterprise Windows Server 2008 SP2 64 位 Standard Windows Server 2008 SP2 64 位 Foundation Windows Server 2008 SP2 64 位 Web Windows Vista SP2 64 位 Ultimate Windows Vista SP2 64 位 Enterprise Windows Vista SP2 64 位 Business
SQL Server Web	Windows Server 2008 R2 SP1 64 位 Datacenter Windows Server 2008 R2 SP1 64 位 Enterprise Windows Server 2008 R2 SP1 64 位 Standard Windows Server 2008 R2 SP1 64 位 Web Windows Server 2008 SP2 64 位 Datacenter Windows Server 2008 SP2 64 位 Enterprise Windows Server 2008 SP2 64 位 Standard Windows Server 2008 SP2 64 位 Web Windows Server 2008 SP2 32 位 Datacenter Windows Server 2008 SP2 32 位 Enterprise Windows Server 2008 SP2 32 位 Standard Windows Server 2008 SP2 32 位 Web	Windows Server 2008 R2 SP1 64 位 Datacenter Windows Server 2008 R2 SP1 64 位 Enterprise Windows Server 2008 R2 SP1 64 位 Standard Windows Server 2008 R2 SP1 64 位 Web Windows Server 2008 SP2 64 位 Datacenter Windows Server 2008 SP2 64 位 Enterprise Windows Server 2008 SP2 64 位 Standard Windows Server 2008 SP2 64 位 Web

SQL Server 2012 版本	32 位的 SQL Server 2012 能安装的操作系统版本	64 位的 SQL Server 2012 能安装的操作系统版本
SQL Server Developer	Windows Server 2008 R2 SP1 64 位 Datacenter	
	Windows Server 2008 R2 SP1 64 位 Enterprise	
	Windows Server 2008 R2 SP1 64 位 Standard	
	Windows Server 2008 R2 SP1 64 位 Web	
	Windows 7 SP1 64 位 Ultimate	
	Windows 7 SP1 64 位 Enterprise	
	Windows 7 SP1 64 位 Professional	
	Windows 7 SP1 64 位 Home Premium	Windows Server 2008 R2 SP1 64 位 Datacenter
	Windows 7 SP1 64 位 Home Basic	Windows Server 2008 R2 SP1 64 位 Enterprise
	Windows 7 SP1 32 位 Ultimate	Windows Server 2008 R2 SP1 64 位 Standard
	Windows 7 SP1 32 位 Enterprise	Windows Server 2008 R2 SP1 64 位 Web
	Windows 7 SP1 32 位 Professional	Windows 7 SP1 64 位 Ultimate
	Windows 7 SP1 32 位 Home Premium	Windows 7 SP1 64 位 Enterprise
	Windows 7 SP1 32 位 Home Basic	Windows 7 SP1 64 位 Professional
	Windows Server 2008 SP2 64 位 Datacenter	Windows 7 SP1 64 位 Home Premium
	Windows Server 2008 SP2 64 位 Enterprise	Windows 7 SP1 64 位 Home Basic
	Windows Server 2008 SP2 64 位 Standard	Windows Server 2008 SP2 64 位 Datacenter
	Windows Server 2008 SP2 64 位 Web	Windows Server 2008 SP2 64 位 Enterprise
	Windows Server 2008 SP2 32 位 Datacenter	Windows Server 2008 SP2 64 位 Standard
	Windows Server 2008 SP2 32 位 Enterprise	Windows Server 2008 SP2 64 位 Web
	Windows Server 2008 SP2 32 位 Standard	Windows Vista SP2 64 位 Ultimate
	Windows Server 2008 SP2 32 位 Web	Windows Vista SP2 64 位 Enterprise
	Windows Vista SP2 64 位 Ultimate	Windows Vista SP2 64 位 Business
	Windows Vista SP2 64 位 Enterprise	Windows Vista SP2 64 位 Home Premium
	Windows Vista SP2 64 位 Business	Windows Vista SP2 64 位 Home Basic
	Windows Vista SP2 64 位 Home Premium	
	Windows Vista SP2 64 位 Home Basic	
	Windows Vista SP2 32 位 Ultimate	
	Windows Vista SP2 32 位 Enterprise	
	Windows Vista SP2 32 位 Business	
	Windows Vista SP2 32 位 Home Premium	
	Windows Vista SP2 32 位 Home Basic	

续表

SQL Server 2012 版本	32 位的 SQL Server 2012 能安装的操作系统版本	64 位的 SQL Server 2012 能安装的操作系统版本
SQL Server Express	Windows Server 2008 R2 SP1 64 位 Datacenter Windows Server 2008 R2 SP1 64 位 Enterprise Windows Server 2008 R2 SP1 64 位 Standard Windows Server 2008 R2 SP1 64 位 Foundation Windows Server 2008 R2 SP1 64 位 Web Windows 7 SP1 64 位 Ultimate Windows 7 SP1 64 位 Enterprise Windows 7 SP1 64 位 Professional Windows 7 SP1 64 位 Home Premium Windows 7 SP1 64 位 Home Basic Windows 7 SP1 32 位 Ultimate Windows 7 SP1 32 位 Enterprise Windows 7 SP1 32 位 Professional Windows 7 SP1 32 位 Home Premium Windows 7 SP1 32 位 Home Basic Windows Server 2008 SP2 64 位 Datacenter Windows Server 2008 SP2 64 位 Enterprise Windows Server 2008 SP2 64 位 Standard Windows Server 2008 SP2 64 位 Foundation Windows Server 2008 SP2 64 位 Web Windows Server 2008 SP2 32 位 Datacenter Windows Server 2008 SP2 32 位 Enterprise Windows Server 2008 SP2 32 位 Standard Windows Server 2008 SP2 32 位 Web Windows Vista SP2 64 位 Ultimate Windows Vista SP2 64 位 Enterprise Windows Vista SP2 64 位 Business Windows Vista SP2 64 位 Home Premium Windows Vista SP2 64 位 Home Basic Windows Vista SP2 32 位 Ultimate Windows Vista SP2 32 位 Enterprise Windows Vista SP2 32 位 Business Windows Vista SP2 32 位 Home Premium Windows Vista SP2 32 位 Home Basic	Windows Server 2008 R2 SP1 64 位 Datacenter Windows Server 2008 R2 SP1 64 位 Enterprise Windows Server 2008 R2 SP1 64 位 Standard Windows Server 2008 R2 SP1 64 位 Foundation Windows Server 2008 R2 SP1 64 位 Web Windows 7 SP1 64 位 Ultimate Windows 7 SP1 64 位 Enterprise Windows 7 SP1 64 位 Professional Windows 7 SP1 64 位 Home Premium Windows 7 SP1 64 位 Home Basic Windows Server 2008 SP2 64 位 Datacenter Windows Server 2008 SP2 64 位 Enterprise Windows Server 2008 SP2 64 位 Standard Windows Server 2008 SP2 64 位 Foundation Windows Server 2008 SP2 64 位 Web Windows Vista SP2 64 位 Ultimate Windows Vista SP2 64 位 Enterprise Windows Vista SP2 64 位 Business Windows Vista SP2 64 位 Home Premium Windows Vista SP2 64 位 Home Basic

3.（重点※）安装 SQL Server 2012

即便是相同版本的 SQL Server 2012 安装在位数不同操作系统上，安装过程中出现的截图也会略有差别。这里以在 Microsoft Windows 7（32 位）操作系统上安装 32 位的 SQL Server 2012 开发版为例，描述安装过程。为帮助用户正确安装软件，此处提供大部分的安装界面截图。

（1）启动自动安装程序，如图 4.1 所示。

（2）选中左侧的"安装"选项，在右侧出现的子选项列表中选择第一项"全新 SQL Server 独立安装或向现有安装添加功能"，结果如图 4.2 所示。

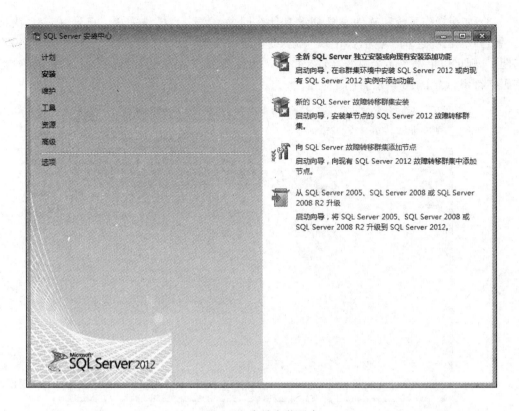

图 4.1 启动安装程序

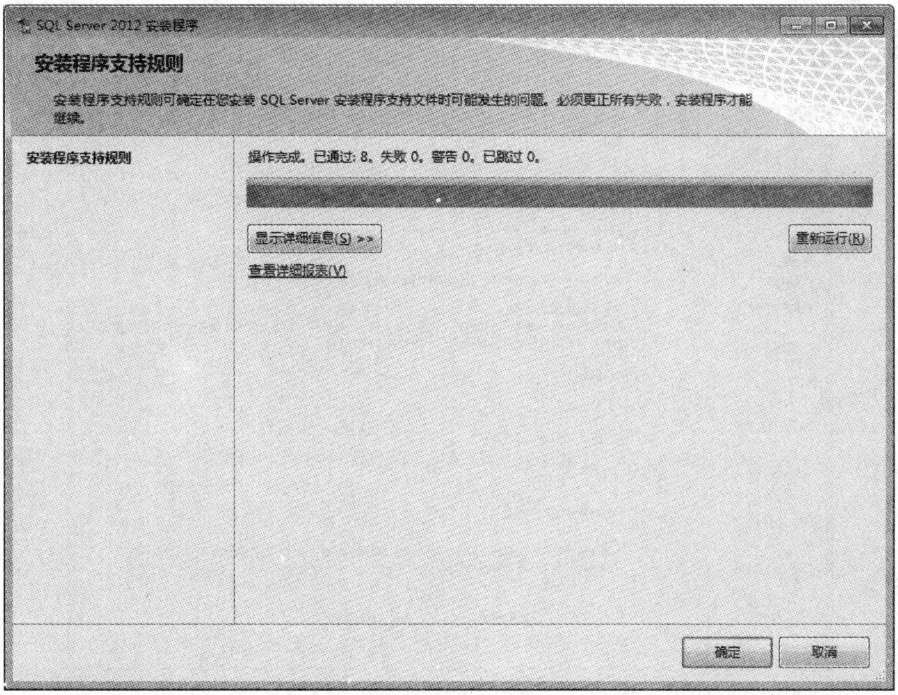

图 4.2 "安装组件"对话框

使用 *SQL Server* 设计数据库

（3）如果操作系统和软件本身都没有什么问题，会显示"操作完成。已通过：8。失败0。警告0。已跳过0。"否则，会出现"必须更正所有失败，程序才能继续。"的信息。若没有问题了，则可以单击图4.2中的"确定"按钮。之后弹出"产品密钥"对话框，输入相应的产品密码字符串，如图4.3所示。

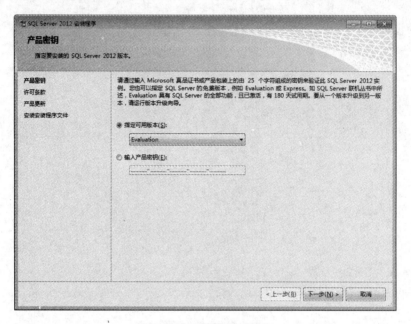

图4.3 "产品密钥"对话框

（4）输入正确的产品密钥后，单击"下一步"按钮，打开"许可条款"对话框。认真阅读"软件许可条款"，选中"我接受许可条款"复选框，如图4.4所示。

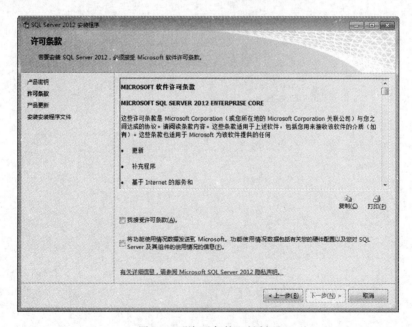

图4.4 "许可条款"对话框

(5) 单击"下一步"按钮,打开"安装安装程序文件"对话框,如图 4.5 所示。

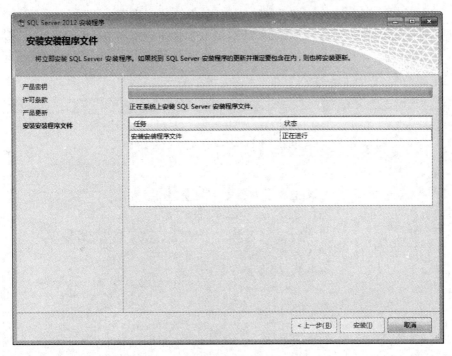

图 4.5 "安装安装程序文件"对话框

(6) 在"安装安装程序文件"对话框中,单击"安装"按钮,将打开"安装程序支持规则"对话框,如图 4.6 所示。

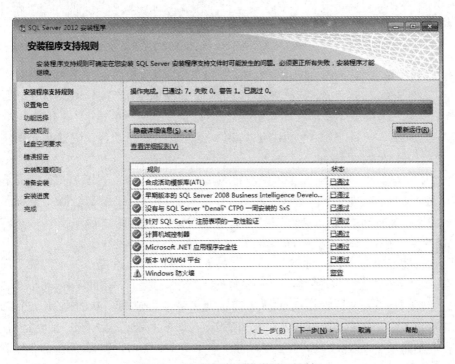

图 4.6 "安装程序支持规则"对话框

使用 *SQL Server* 设计数据库

（7）当所有规则都通过后，即可进入下一步安装。图 4.6 中"Windows 防火墙"选项显示警告，是因为，Windows 防火墙在安装时未关闭，但这并不影响 SQL Server 2012 的继续安装和此后的基础操作。不过，会给之后的数据库操作带来些麻烦，比如启用远程服务的 T-SQL 程序调试等。所以此处最好将防火墙关闭，再继续安装。单击"下一步"按钮，打开"设置角色"对话框，如图 4.7 所示。

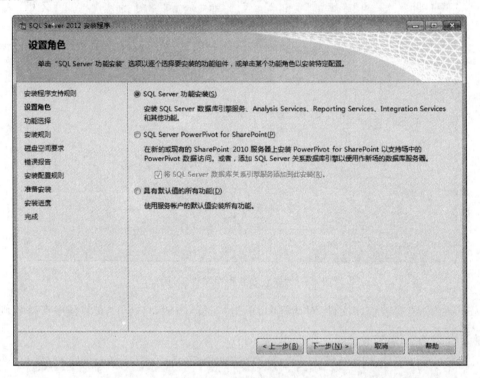

图 4.7　"设置角色"对话框

（8）在"设置角色"对话框（图 4.7）右侧，有三个单选框，我们选择第一个"SQL Server 功能安装"，把 SQL Server 的所有服务组件都安装全面。第二个单选框 SQL Server PowerPivot for SharePoint 是结点安装功能，尚不需要。第三个单选框"具有默认值的所有功能"会安装 SQL Server 2012 的核心服务，用户无法自主选择功能。之后单击图中的"下一步"按钮，打开"功能选择"对话框，如图 4.8 所示。

（9）为了完全安装 SQL Server 2012，充分体验它的功能，我们在图 4.8"功能选择"对话框中，单击"全选"按钮，在"共享功能目录"中，默认安装路径。如果驱动器 C 空间不允许，也可以单击路径编辑框右侧 ⬚ 按钮自行选择其他的安装路径。之后单击"下一步"按钮。打开"安装规则"对话框，等待安装过程结束，如图 4.9 所示。

（10）当安装程序运行的规则不阻止所有服务的组件安装，进度条滚动到最后时，进度条上方会出现"操作完成。已通过：2。失败 0。警告 0。已跳过 0。"的字样，可以单击"显示详细信息"按钮，查看安装的详细信息，尤其可由此查看不能成功安装的原因。当阻止安装的原因是可以及时修改的，我们可以在查知原因后，修改系统，之后单击"重新运行"按钮。再次运行规则检查。如若成功，则可以单击"下一步"按钮，打开"实例配置"对话框，如图 4.10 所示。

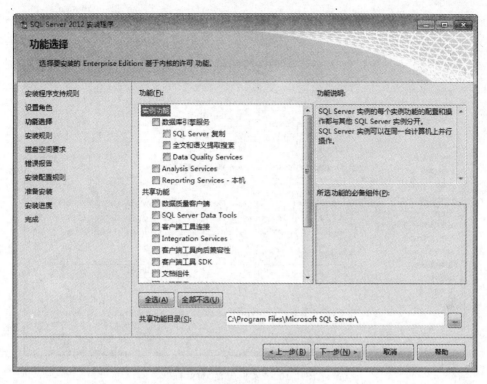

图 4.8 "功能选择"对话框

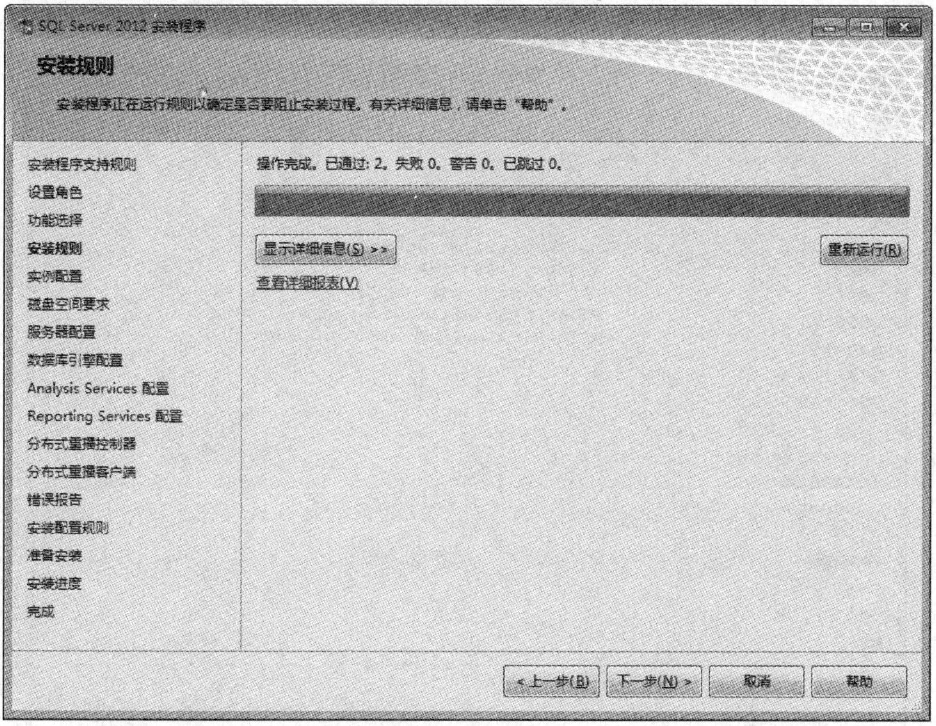

图 4.9 "安装规则"对话框

使用 SQL Server 设计数据库

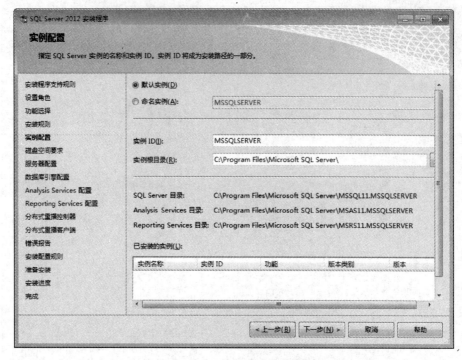

图 4.10 "实例配置"对话框

(11) 在"实例配置"对话框中，我们选择"默认实例"单选按钮，记住系统配置的实例名字，以及实例根目录后，单击"下一步"按钮，打开"硬盘空间要求"对话框，如图 4.11 所示。

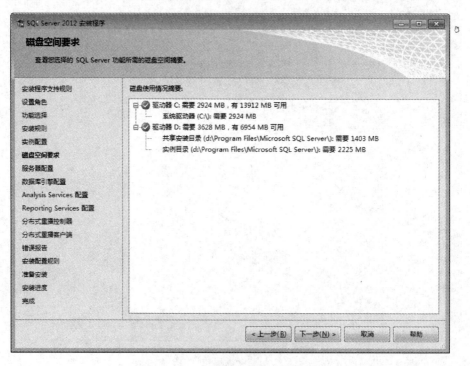

图 4.11 "硬盘空间要求"对话框

（12）对话框显示安装实例所需的空间，以及你的机器的当前状况，如果没有什么异常，则单击"下一步"按钮，打开"服务器配置"对话框，如图 4.12 所示。但如果显示空间不够，则可以单击"上一步"按钮，退回到图 4.10 所示"实例配置"对话框，更改安装实例的路径即可。

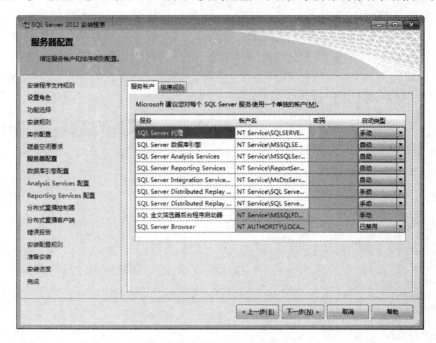

图 4.12　"服务器配置"对话框

（13）"服务器配置"对话框中，各服务的启动情况一目了然。之后，单击"下一步"按钮，打开"数据库引擎配置"对话框，如图 4.13 所示。

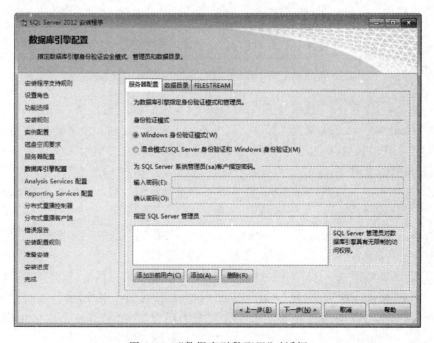

图 4.13　"数据库引擎配置"对话框

使用 SQL Server 设计数据库

（14）在"服务器配置"选项卡中,首先需要选择身份验证模式。默认是"Windows 身份验证",只要是机器管理员即可使用 SQL Server 所有服务。一般情况下,为了安全有效地进行数据访问的管理,选择"混合身份验证"模式。这种模式下,Windows 身份验证和 SQL Server 身份验证均有效,但需要设定 SQL Server 身份验证的系统管理员的密码。之后要在"指定 SQL Server 管理员"选项区域中添加管理员,这些管理员对数据库引擎具有无限制的访问权限。做法是单击"添加当前用户"按钮,会弹出用户列表,供任意选择。但对于第一次安装的用户而言,只有一个默认用户选项,选择它即可,如图 4.14 所示。"数据目录"和 FILESTREAM 选项卡采用默认选项即可。

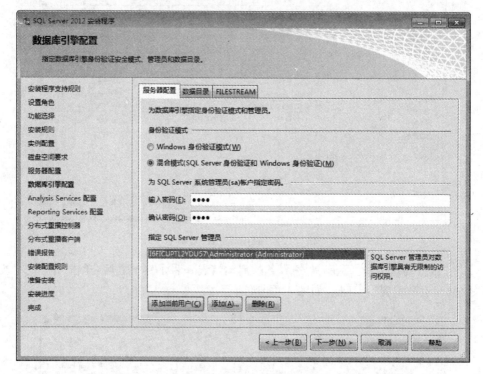

图 4.14　基本配置完的"数据库引擎配置"对话框

（15）之后单击"下一步"按钮打开"Analysis Services 配置"对话框,如图 4.15 所示。

（16）"Analysis Services 配置"是为数据分析服务作配置。在"服务器配置"选项卡中,"服务器模式"选项我们默认选择第一项"多维和数据挖掘",将方便未来使用服务提供的数据挖掘的各种算法和规则,直接对某服务数据进行分析。单击"添加当前用户"按钮,在用户列表中任意选择用户,使其对 Analysis 服务具有完全的访问权限。第一次安装 SQL Server 时只有一个默认用户供选择,具体如图 4.15 所示。

（17）单击"下一步"按钮,打开"Reporting Services 配置"对话框,如图 4.16 所示。

（18）在"Reporting Services 配置"对话框中,我们选择"Reporting Services 模式"的"安装和配置"单选框,之后单击"下一步"按钮,打开"分布式重播控制器"对话框,如图 4.17 所示。

（19）单击"添加当前用户"按钮,在弹出的列表中,任意选择用户,使其拥有对分布式重播控制器无限制的数据访问的权限。第一次安装的用户,这里只有一个默认用户供选择。之后单击"下一步"按钮,打开"分布式重播客户端"对话框,如图 4.18 所示。

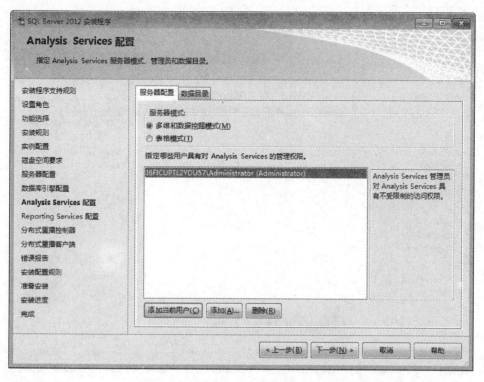

图 4.15 "Analysis Services 配置"对话框

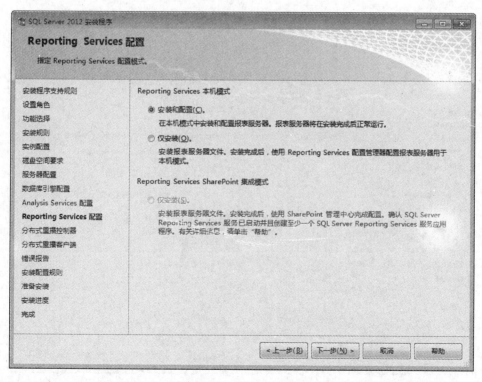

图 4.16 "Reporting Services 配置"对话框

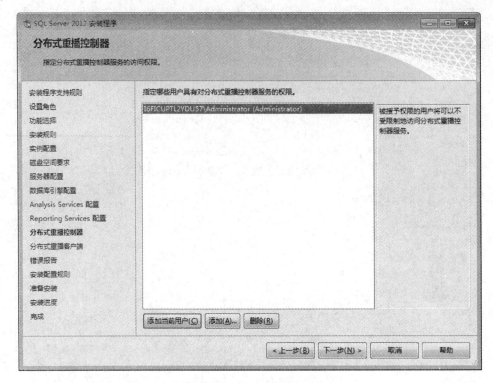

图 4.17 "分布式重播控制器"对话框

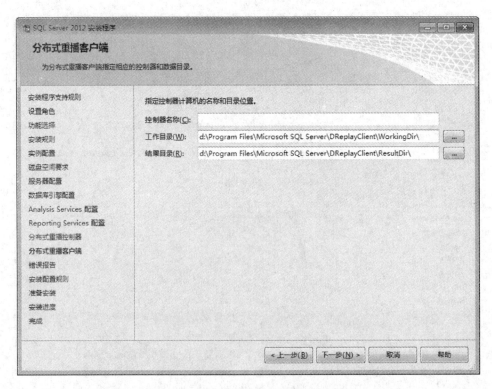

图 4.18 "分布式重播客户端"对话框

（20）在"控制器名称"文本框中，填入自定义的名字，比如"HYJ"。在"工作目录"和"结果目录"文本框，已有默认安装路径，根据硬盘实际空间选择安装路径即可。之后，单击"下一步"按钮，打开"错误报告"对话框，如图 4.19 所示。

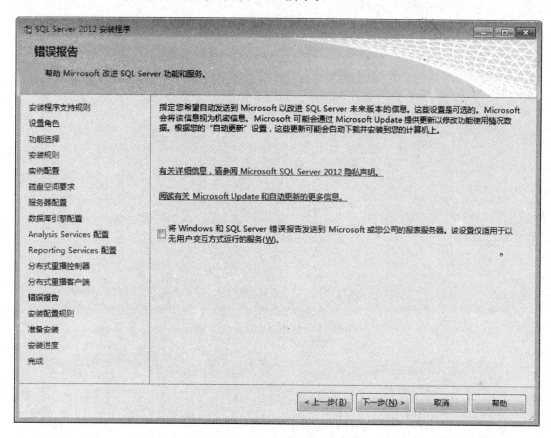

图 4.19 "错误报告"对话框

（21）在"错误报告"对话框中，有复选框供选择，使用过程中发生错误，将问题发送给 Microsoft 公司或者您公司的报表服务器。这些问题将被视为机密，Microsoft 公司会提供自动更新服务等，详见图 4.19。此处是否选择该功能，由用户自己决定。之后单击"下一步"按钮，打开"安装配置规则"对话框，如图 4.20 所示。

（22）这一阶段，主要是使用规则对各配置安装的检验，若无阻碍，则在进度条滚动到末尾后，在进度条上方出现"操作完成。已通过：7。失败 0。警告 0。已通过 0。"的字样。可通过单击"显示详细信息"按钮，来查看具体被阻碍的情况，也可以在及时修改后，单击"重新运行"按钮再次查看。之后单击"下一步"按钮，打开"准备安装"对话框，如图 4.21 所示。

（23）在"准备安装"对话框中，将显示要安装的 SQL Server 2012 的功能。根据硬盘实际情况，选择安装路径。之后，单击"安装"按钮，将打开"安装进度"对话框。具体的安装过程如图 4.22 所示。

（24）这个过程需要耐心等待，直到所有安装均成功后，"下一步"按钮才由不可用的"灰显"状态变为可用的"凸显"状态，这时，再单击"下一步"按钮，打开"完成"对话框，如图 4.23 所示。

使用 SQL Server 设计数据库

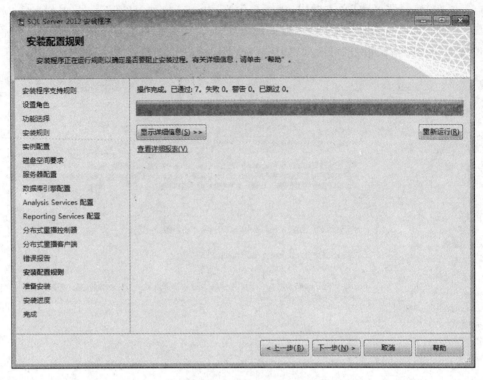

图 4.20 "安装配置规则"对话框

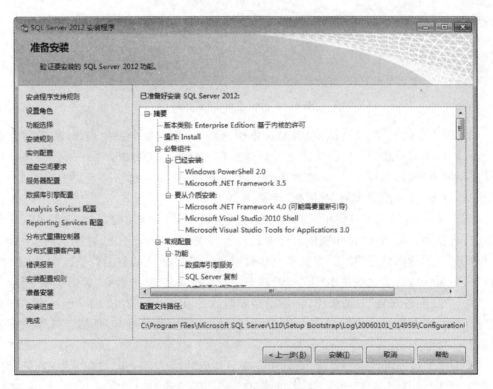

图 4.21 "准备安装"对话框

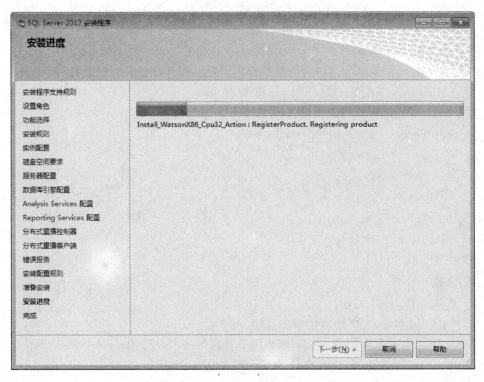

图 4.22 "安装进度"对话框

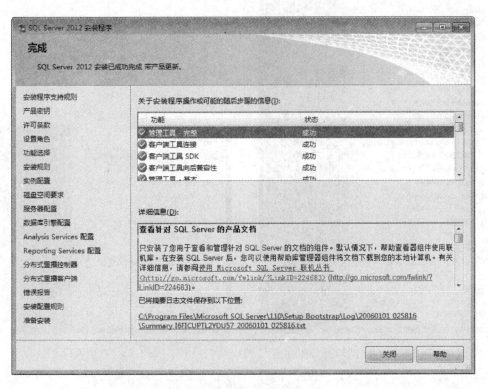

图 4.23 "完成"对话框

使用 SQL Server 设计数据库

（25）在"完成"对话框中，将显示所有已成功安装的组件等，之后，单击"关闭"按钮，整个 SQL Server 2012 的安装就结束了。

4．认识 SQL Server 2012

安装好 SQL Server 2012 后，它的组件也即可见。操作步骤是：单击"开始"按钮→"所有程序"→Microsoft SQL Server 2012，如图 4.24 所示。

由图 4.24 可见其包含的主要组件如下：

（1）SQL Server Management Studio（SSMS）。

（2）SQL Server Data Tools。

（3）导入和导出数据。

（4）Analysis Services。

（5）Data Quality Services。

（6）Integration Services。

（7）配置工具。

（8）文档和社区。

（9）性能工具。

（10）下载 Microsoft SQL Server 2012 Compact。

① SSMS 综合了数据管理、查询分析、服务管理等功能。在图 4.24 中选中 SQL Server Management Studio 选项并启动，将打开 SSMS，如图 4.25 所示。

图 4.24　SQL Server 2012 组件图

图 4.25　启动 SSMS

② SSMS 中包含"服务管理器""对象资源管理器""查询分析器"等。其中"服务管理器"在打开 SSMS 后，会自动启动并要求用户连接服务，如图 4.26 所示。

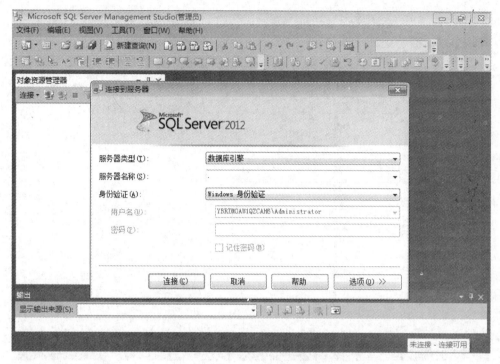

图 4.26 连接服务器

③ 对象资源管理器如图 4.27 所示。查询分析器如图 4.28 所示。

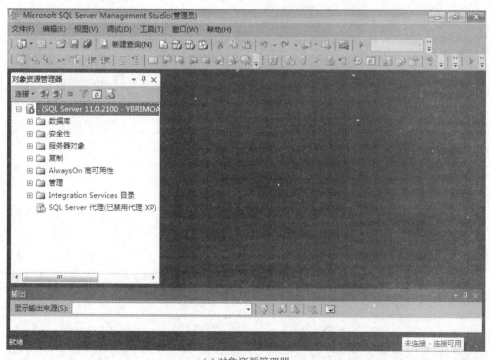

(a) 对象资源管理器

图 4.27 对象资源管理器

使用 SQL Server 设计数据库

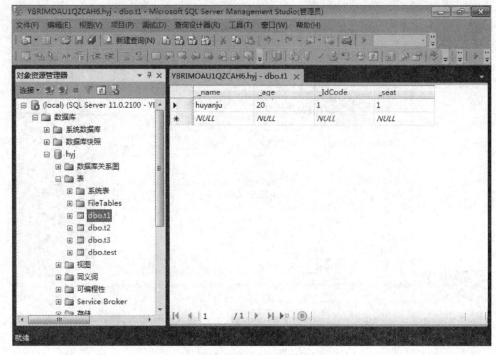

(b) 在对象资源管理器中编辑数据库hjy的表t1

图 4.27 （续）

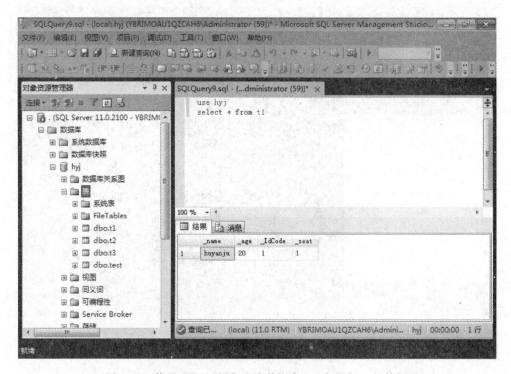

图 4.28　使用 T-SQL 语句查询数据库 hyj 中的表 t1 的数据

5. 建立注册

安装 SQL Server 2012 后,可以先注册服务,服务可以是本地、局域网或者 Internet 网上的。在一个 SSMS 中,一次只能启动一个位置上的服务,但如果设备条件允许,可以通过启动多个 SSMS 的方式启动多个数据库服务。注册服务的步骤如表 4.3 所示。

表 4.3 注册服务的操作步骤

步骤序号	步 骤 内 容
1	在对象资源管理器中,右击当前连接的服务,在弹出的菜单中单击"注册"选项,之后会打开"新建服务器注册"对话框
2	在"常规"选项卡中选择服务器类型,一般默认为"数据库引擎"。填写服务器名称,直接填写网络内的服务器名称或者是 IP 地址均可。然后选择注册服务的身份验证方式,之后单击"测试"按钮。如果填写无误并且服务未在本地注册过,会弹出对话框显示"连接测试成功"。单击"确定"按钮关闭对话框后,单击"保存"按钮,这个注册就可以启用了。在"新建服务器注册"对话框中,设置"连接属性"选项卡还可以指定具体注册的某一个数据库,而不是默认的服务上的所有数据库。在此还可以设置是否加密连接等

6. 创建登录用户

数据库系统为访问自己的用户设置了分级授权访问制度。依次是身份验证、创建数据库用户并设置用户属性以及对数据库用户进行权限设置三个级别,如表 4.4 所示。

表 4.4 创建各级登录用户

访问级别	具 体 内 容
身份验证	数据库用户首先必须选择相应的身份验证方式。身份验证主要有 Windows 身份验证和 SQL Server 身份验证。二者组合在一起称为混合身份验证。在安装 SQL Server 时,提供"Windows 身份验证"和"混合身份验证"两个选项。Windows 身份验证中只要是机器系统的拥有者,不需要密码就可以登录。但是在数据访问时,用户所使用的客户端的 Windows 操作系统参数要与开发应用程序时的一致才能顺利执行。因此一般情况下,我们都选择混合身份验证。这样一方面不影响 Windows 身份验证,另一方面,SQL Server 身份验证是比较安全、高效的登录服务器的方式,数据访问时,不受操作系统的限制。默认的 SQL Server 用户是 sa,密码在安装时设定,也可以在数据库用户管理处修改
创建数据库用户并设置用户属性	(1) 在 SSMS 中,打开"安全性",右击"登录名"选项,在弹出菜单中选择"新建登录名"。 (2) 弹出"新建登录名"对话框,在"常规"选项页中,填写新建用户名称,选择身份验证模式,若选择 SQL Server 身份验证,需要设置密码。此处也可用于拥有 SQL Server 身份验证的既有用户进行 SQL Server 身份验证的密码修改。 (3) 选中"服务器角色"选项页,查看并修改用户角色。 (4) 选中"用户映射"选项页,我们将数据库前面的复选框选中,表示数据库与用户建立映射关系,对于"数据库角色成员身份"可以选择 db_owner(数据库拥有者)。此后,用户对数据库有全方位访问权限。 (5) 选中"安全对象"选项页,点击"搜索"按钮,选择可访问的服务对象。"特定对象"需要设置对象类型和实例,"特定类型的所有对象"需要选择服务类型。在此选择第三项"服务器 YBRIMOAU1QZCAH6",用来设置用户对所选服务器的访问权限设置。 (6) 选中"状态"选项页,可对用户状态进行设置。 (7) 单击"确定"按钮,将对新建的登录用户设置进行保存。再次选中"安全性"→"登录名"选项,可在用户列表中找到刚创建的用户。此后也可直接以具体用户的用户名和密码或者 SQL Server 身份验证方式访问属于该用户的服务

访问级别	具 体 内 容
对数据库用户进行权限设置	(1) 在 SSMS 中,选中具体数据库用户所管理的数据库,然后选中"安全性"→"用户",在展开的用户列表中,选中用户。 (2) 右击具体用户,在弹出的菜单中,选择"属性"选项。打开数据库用户,弹出具体的"数据库用户"对话框。在该对话框的各选择页里,可以分别对默认架构、拥有的架构、成员身份、安全对象和扩展属性进行修改和设置。尤其是"安全对象"选项页,可以在这里针对当前用户的身份所拥有的对象进行访问权限设置,这是第三道防火线的主要功能。 (3) 选中"常规"选项页,单击"默认架构"右侧的按钮,会弹出"选择架构"对话框,单击其中的"浏览"按钮,在弹出的"查找对象"对话框中,选择匹配的对象。之后依次单击两个对话框的"确认"按钮即可。 (4) 选中"拥有的架构"选项页,在右侧可以选择架构类型。 (5) 选中"成员身份"选项页,在右侧可多选数据库角色成员身份。 (6) 选中"安全对象"选项页,单击"安全对象"右侧的"搜索"按钮,会弹出"添加对象"对话框。 (7) "特定对象"选项需要选择对象类型(存储过程、数据库、表、视图等)和对象名称;"特定类型的所有对象"选项只需要选择对象类型(存储过程、数据库、表、视图等);"属于该架构的所有对象"选项是已经设置好对象类型、拥有权限的各对象。用户根据实际需要选择其中之一即可。 (8) 对应每一项安全对象,权限设置栏的"显式"选项卡中,都会显示该被选中对象的详细权限设置,用户可以根据实际需要设置。在"有效"选项卡中,可以对该对象的子对象进行设置

7.（重点※）SQL Server 中的数据库

安装 SQL Server 2012 后,服务里面会自动安装好 4 个系统数据库,如表 4.5 所示。

表 4.5　SQL Server 2012 自带的数据库

名　　称	说　　明	备　　注
master 数据库	记录 SQL Server 系统的所有系统级别信息。包括记录所有的登录账户和系统配置设置、数据库文件的位置、SQL Server 的初始化信息	安装数据库引擎而安装的系统数据库
tempdb 数据库	保存所有的临时表和临时存储过程,且满足任何其他的临时存储要求,例如存储 SQL Server 生成的工作表。在 SQL Server 每次启动时都重新创建,并重置为初始大小,在 SQL Server 运行时 tempdb 数据库会根据需要自动增长,若初始大小无法满足要求,可以通过修改数据库属性的办法,修改 tempdb 的初始大小。临时表和存储过程在连接断开时清空	
model 数据库	用作在系统上创建的所有数据库的模板。当发出 CREATE DATABASE 语句时,新数据库的第一部分通过复制 model 数据库中的内容创建,剩余部分由空页填充。由于 SQL Server 每次启动时都要创建 tempdb 数据库,model 数据库必须一直存在于 SQL Server 系统中	
msdb 数据库	msdb 数据库供 SQL Server 代理程序调度警报和作业以及记录操作员时使用	

名　称	说　明	备　注
Report-Server 数据库	是 Reporting Services（报表服务）服务要用到的数据库	安装 Reporting Services 引擎会安装 Report-Server 和 Report-Server-Temp-DB 数据库
Report-Server-Temp-DB 数据库	是报表缓存数据库	

8. 数据库文件和事务日志文件

数据库物理存储由数据库文件和日志文件完成。Microsoft SQL Server 2012 将数据库映射到一组操作系统文件上。数据和日志信息绝不混合在同一个文件中，而且个别文件只由一个数据库使用。与以前的数据库版本相比，SQL Server 2012 还多了列存储索引、更多表分区、AlwaysOn 的数据恢复，除使用传统的关系数据结构存储数据外，还可以使用 FileTable 管理和存储 Office 表单。其主要的关系数据部分库的物理存储结构仍采取段页式方案。

SQL Server 2012 的文件类型如表 4.6 所示。

表 4.6　SQL Server 2012 文件类型

名　称	说　明	扩展名	备　注
主要数据文件	主要数据文件是数据库的起点，指向数据库中文件的其他部分。每个数据库都有一个主要数据文件	.mdf	SQL Server 数据和日志文件可以放置在 FAT 或 NTFS 文件系统中，但不能放在压缩文件系统中
次要数据文件	次要数据文件包含除主要数据文件外的所有数据文件。有些数据库可能没有次要数据文件，而有些数据库则有多个次要数据文件	.ndf	
日志文件	日志文件包含恢复数据库所需的所有日志信息。每个数据库必须至少有一个日志文件，但可以不止一个	.ldf	

9.（重点※）创建数据库

新建数据库操作步骤：

（1）首先要创建好存储数据库物理文件的文件夹。

（2）在 SSMS 中右击"数据库"选项，在弹出菜单中选择"新建数据库"命令。

（3）弹出"新建数据库"对话框，在"常规"选项页中，填写"数据库名称"、"行数据"的"初始大小"、"日志"的"初始大小"。设置文件自动增长方式，单击按钮打开对话框设置，选择数据库物理文件的存储位置。效果如图 4.29 所示。

10. 数据库属性配置

对创建好的数据库进行属性配置，可以右击该数据库，选择"属性"命令，弹出该数据库的属性配置对话框。

属性配置操作步骤：

（1）数据库属性配置对话框可以查看数据库的已有属性，也可以对数据库进行详细设

74

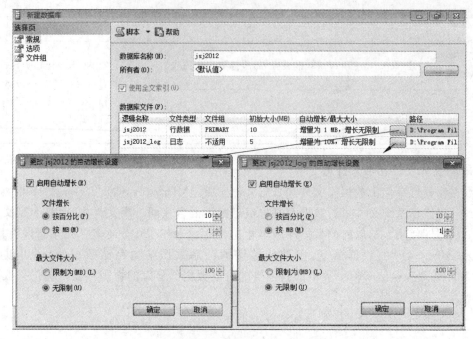

(a) 填写新建数据库的基本属性

(b) 选择存储路径

图 4.29　新建数据库

置。其中"常规"选项页只能查看数据库的一般属性。在"文件"选项页中,除了文件名称、存储物理位置只可查看、不可更改外,其余选项都可以修改。

(2)可以在"文件组"选项页中创建文件组、删除文件组或者是修改现有文件组属性。

(3)在"选项"配置页中,可以对数据库"状态""恢复""包含""文件流""杂项"和"自动"进行选择。在"自动"配置中,包括"自动关闭""自动收缩""自动创建统计信息""自动更新统计信息"和"自动异步更新"。虽然"自动收缩"选项默认值是 False,并且允许数据库自动增长,但当删除数据时,数据库实际占有资源会减少。可是人为的决定数据库文件的大小需要一定的计算,因此,一般都启动"自动收缩"选项。

(4)所有属性修改完毕,单击"确定"按钮进行保存即可。

11. 收缩数据库

对于数据库文件,其组织结构的复杂性和特殊性,也体现在它对所使用的内存空间的管理上。除了具体数据对象和数据所占用的存储空间外,数据库还会为自己预留一定的操作空间。设置"数据库自动收缩"选项,可以帮助数据库的存储空间大小随着自身数据对象和数据的大小或多少而自动缩放。一般情况下,用户使用系统初设的自动收缩比例即可。

手动"收缩"数据库,可以直接释放或者增大一部分当前数据库对象并未实际使用的操作空间。2012 版的 SQL Server 在收缩操作中明确告诉用户当前数据库所占空间的大小以及实际数据占当前数据库空间的大小和比例,能够帮助用户决策收缩的比例,保护数据库的收缩底线。

操作步骤如下:

(1)首先右击具体的数据库,在弹出的菜单中选择"任务"命令,之后在级联菜单中选择"收缩"→"数据库"命令。

(2)在打开的"收缩"对话框中,查看当前数据库的空间使用情况,之后将"在释放未使用的空间前重新组织文件。选中此选项可能会影响性能"复选框选中,并在"收缩后文件中的最大可用空间"编辑框中填写收缩后的最大可用空间所占比例即可。

12. 移动数据库

在项目开发与配置的过程中,难免涉及数据库的移动。项目物理文件的复制很容易,但是被数据库管理系统管理着的数据库物理文件想要剪切或者复制是不被允许的。这时候,要先分离数据库,再将数据库的物理文件移动到目标位置。然后再将物理文件附加到服务组里面。

操作步骤如下:

(1)分离数据库:右击具体的数据库,在弹出菜单中选择"任务"→"分离"命令;

(2)复制数据库物理文件至目标位置;

(3)右击"数据库",在弹出菜单中选择"附加数据库"命令,将目标位置的物理文件添加到数据库管理系统中。

13. 删除数据库

删除数据库将把数据库从 SQL Server 的服务中删掉,一并删掉的还有其数据文件和日志文件的物理文件。该操作属于永久删除,不易恢复,需要慎重操作。具体步骤:右击具体数据库,在弹出菜单中选择"删除"命令即可。

14. 修改数据库用户

修改数据库用户主要包括修改该用户的密码、该用户的服务器角色、数据库访问权限和删除该用户。

操作步骤如下：

(1) 在 SSMS 中，选中"安全性"→"登录名"，然后右击具体数据库用户名，在弹出菜单选中"属性"选项，启动用户的属性设置对话框。

(2) 在属性配置对话框中，首先在"常规"选项页中，修改用户的密码，这需要选中"指定旧密码"复选框，并同时输入新密码(需重复写一次)和旧密码。再选择其他的属性页，查看和修改即可，比如修改用户角色等。修改完用户属性页后，单击"确定"按钮即可完成修改。

(3) 用户的删除，只要右击具体的用户名，在弹出菜单选择"删除"选项即可。之后在启动的"删除对象"对话框中单击"确定"按钮。

15. 备份和还原数据库

有规律地备份数据是对数据最好的保护，用来预防诸如病毒感染、误操作、意外灾害等。我们可以使用之前讲的数据库转移方法中的"保存分离后的数据库物理文件"进行数据备份，但除此之外，我们还可以使用数据备份和还原操作进行数据保护，他们是一对操作。

备份操作步骤如下：

(1) 首先启动备份任务。右击具体数据库名，在弹出菜单选中"任务"→"还原"→"数据库"选项。

(2) 在"备份数据库"对话框的"常规"选项页中，选择备份类型为"完整"、设置名称，可以使用默认的备份路径，也可以自己选择备份文件的存储位置。

还原操作步骤：

(1) 数据库 student 因为一些原因，其中的数据发生了混乱，只好使用最近的备份文件对其进行还原，以期将损失降到最低。首先启动还原任务。

(2) 在"数据库还原"对话框的"常规"选项页中，选择要恢复的备份文件。单击"确认"按钮或者按 Enter 键。

16. (重点※)创建表

完成表的架构常用的操作有"新建表"和编辑"表设计器"，其中"表设计器"既可以在创建表时插入表对象，也可以用来对已知表进行架构修改。

创建数据表，必须了解其数据类型才能为字段选择合适的类型。在 SQL Server 中，主要的数据类型有文本、数值、日期和时间、二进制流、货币、布尔类型等，具体见表 4.7 所示。

表 4.7 数据类型表

分　类	备注和说明	数据类型	说　　明
二进制	存储非字符和文本的数据	image	可用来存储图像
文本	包括任意字母、符号或数字字符的组合，在单引号内输入	char	固定长度的非 Unicode 字符数据
		varchar	可变长度非 Unicode 数据
		nchar	固定长度的 Unicode 数据
		nvarchar	可变长度 Unicode 数据
		text	存储长文本信息
		ntext	存储可变长度的长文本

分 类	备注和说明	数据类型	说 明
日期和时间	日期和时间在单引号内输入	time	hh:mm:ss[.nnnnnnn]
		date	YYYY-MM-DD
		smallDatetime	YYYY-MM-DDhh:mm:ss
		datetime	YYYY-MM-DDhh:mm:ss[.nnn]
		datetime2	YYYY-MM-DDhh:mm:ss[.nnnnnnn]
		datetimeoffset	YYYY-MM-DDhh:mm:ss［＋｜－］hh:mm
数值	该数据仅包含数字,包括正数、负数以及分数	int bigint smallint tinyint	整数
		float real numeric(18,0)	数字
货币	用于十进制货币值	money smallmoney	
布尔	表示是/否的数据	bit	存储 0 或 1

17.（重点难点※※）在 SQL Server 2012 中实现完整性约束

完整性约束说明如表 4.8 所示。

表 4.8　SQL Server 的数据完整性约束一览表

完整性类别	完整性约束名称	说 明
实现域完整性	设置字段数据类型和长度	在 SSMS 中启动"新建表"后,弹出表设计器,首先要在其中录入每一列具体的列名、数据类型、长度
	设置字段是否允许为空	在表设计器中,将允许为空的字段后的"允许 Null 值"复选框选中,否则,取消此复选框。插入记录时,可忽略允许为空的字段
	设置默认约束	对于一些文本类型的字段,可以为其设置默认值。这样当插入记录时,若没有为此字段显式地给出数据值,该字段会自动插入设置的默认值
	建立检查约束	在"CHECK 约束"对话框中,单击"添加"按钮,系统自动创建 CHECK 约束名字
实现实体完整性	设置主键约束	可以直接在列名上右击,选择" 设置主键"选项,或者单击"表设计器"菜单,选择" 设置主键"选项。这时主键列左侧出现钥匙 标识
	设置唯一约束	一般使用 SQL 语句来实现
	设置整型字段为标识列	只有整型、短整型、大整型等整型类字段可以被设置为标识列
实现引用完整性	设置外键约束	(1) 在表设计器中建立外键约束。 (2) 通过创建关系图实现外键约束

需要注意的主表和从表的操作要求：

（1）当主表中没有对应的记录时，不能将记录添加到子表。

例：成绩表中不能出现在学员信息表中不存在的学号。

（2）不能更改主表中的值而导致子表中的记录孤立。

例：把学员信息表中的学号改变了，学员成绩表中的学号也应当随之改变。

（3）子表存在与主表对应的记录，不能从主表中删除该行。

例：不能把有成绩的学员删除。

（4）删除主表前，先删子表。

例：先删学员成绩表、后删除学员信息表。

18. 导入与导出数据

导入与导出数据使得其他关系数据库的数据、非关系型数据以及 SQL Server 自身的数据都可以与现服务中的数据互相转换，方便项目开发过程中的数据操作。

注意：导出数据表到 Excel 工作簿的表单，需要提前设定表头。

4.2 典型例题讲解

【例 4.1】 现在所有在售的食物包装袋上，基本都可以看到该食物的营养成分表，而食物的营养成分远不止这些，据《中国食物成分表》介绍，食物的成分说明项达 30 种，食物又分若干种类，如图 4.30 所示。请谈谈如何设计图中数据成分多而且复杂的数据库。

项　　目	每 100 克	营养成分参考值％
能量	1513 千焦	18％
蛋白质	0 克	0％
脂肪	0 克	0％
碳水化合物	89.0 克	30％
钠	0 毫克	0％

（a）食物包装印制的食物营养成分表

编码 Code	食物名称 Food name	食部 Edible ％	水分 Water g	能量 Energy Kcal KJ	蛋白质 Protein g	脂肪 Fat g	碳水化合物 CHO g	不溶性纤维 Dietary fiber g	胆固醇 Cholesterol mg
小麦									
01-1-101	小麦	100	10.0	339　1416	11.9	1.3	75.2	10.8	--
01-1-102	五香谷	100	5.6	378　1580	9.9	2.6	78.9	0.5	--

（b）食物成分表上部分　谷类及制品（Cereals and cereal products）

编码 Code	食物名称 Food name	灰分 Ash g	总维生素 A Vitamin A μgRE	胡萝卜素 Carotene μg	视黄醇 Retinol μg	碳胺素 Thiamin mg	核黄素 Riboflavin mg	尼克醇 Nacin mg	维生素 C Vitamin C mg
小麦									
01-1-101	小麦	1.6	--	--	--	0.40	0.10	4.0	--
01-1-102	五香谷	3.0				0.11	0.19		

（c）食物成分表中间部分　谷类及制品（Cereals and cereal products）

图 4.30 食物成分示例表

编码 Code	食物名称 Food name	维生素 E (Vitamin E)				钙 Ca	磷 P	钾 K	钠 Na	镁 Mg	铁 Fe	锌 Xn	硒 Se	铜 Cu	锰 Mn	备注 Remark
		Total mg	α-E mg	(β+γ)-E mg	δ-E mg	mg	mg	mg	mg	mg	mg	mg	μg	mg	mg	
小麦																
01-1-101	小麦	1.82	1.48	0.24	0.10	34	325	289	6.8	4	5.1	2.33	4.05	0.43	3.10	
01-1-102	五香谷	2.31	--	--	--	2	13	7	1.0	--	0.5	0.23	1.15	0.08	0.05	河北

(d) 食物成分表下部分　谷类及制品(Cereals and cereal products)

图 4.30　续

答：图 4.30 中所示数据手绘表格的表达方式是中国传统的、常见的、有效的数据管理方法。那么是否可以在设计这类数据的数据库表时，直接照搬呢？答案是否定的。从图中可以看出，实体是食物，字段是具体的食物成分，如水分、脂肪等。但数据库表的字段属于数据库表的主体架构，应该避免在数据库表建设完成后，再添加新字段的现象发生，而再增加新的食物成分说明项是很有可能发生的。另外依据数据库设计原理，观察图中的表，有破坏属性"原子性"的现象(例如，能量又有分子属性)，是不满足 1NF 的。因此，理想的方式是按如下方式设计该数据库的关系模式：

食物基本信息表(食物类别,<u>食物编码</u>,食物名称,食部,食物成分,含量,备注),新增的成分说明,只需追加记录即可。

当然，这张表是存在冗余的，比如在输入一种食物的食物成分时，要至少重复输入食物编码、名称、食物类别、食部、备注 20 多次。

仔细分析这个关系模式里面的函数依赖关系：

食物编码→食物类别,

食物编码→食物名称,

食物编码→食部,

(食物编码,食物成分)→含量,

食物编码→备注,

食物名称→食物类别,

食物名称→食部,

(食物名称,食物成分)→含量,

食物名称→备注。

详细分析，还存在诸如：(食物编码,食物成分) $\xrightarrow{p}$ 食物类别这样的部分函数依赖，以及食物编码→食物名称→食物类别这样的传递函数依赖，还有(食物编码,食物成分,食物名称)→含量这样的违反 BCNF 范式约束的函数依赖。

按照让关系模式满足到 BCNF 范式约束的设计要求，得到如下的数据库关系模式：

食物基本信息表(食物类别,<u>食物编码</u>,食物名称,食部,备注)

食物成分表(<u>食物成分编码</u>,食物成分名称)

食物成分含量表(<u>食物编码,食物成分编码</u>,含量)

其中,带下画线部分是关系模式的主键,而三个关系模式也存在外键约束：

食物成分含量表.食物编码是食物基本信息表.食物编码的外键,

食物成分含量表.食物成分编码是食物成分表.食物成分编码的外键。

当然在具体操作时,我们还可以增加更多完整性约束,比如规定食物编码的长度等。

此后,就可以使用数据库软件为该系统创建数据库、数据表等。

在后面的章节中,我们会陆续学习到多表联合查询、视图等内容,实际上,图 4.30 中的表,最合适的设计对应方式是视图。

4.3 课后题解析

4.3.1 选择题(有一个或者多个选择答案)

1. 现有用户表 userInfo(userID,userName, password),请问如何设置主键( )。

    A. 如果不能有同时重复的 userName 和 password,那么 userName 和 password 可以组合在一起作为主键

    B. 根据选择主键的最小性原则,最好采用 userID 作为主键

    C. 根据选择主键的最小性原则,最好采用 userName 和 password 作为组合键

    D. 如果采用 userID 作为主键,那么在 userID 列输入的数值,允许为空

答案:A、B

※ 知识点说明:

主键可以是一个字段,也可以由多个字段组成。选择主键要遵守以下原则:

(1) 最少性:尽量选择单个键作为主键;

(2) 稳定性:尽量选择数值更新少的列作为主键。

2. 关于标识列,以下说法正确的是( )。

    A. 使用 SQL 语句插入数据时,可以为标识列指定要插入的值

    B. 设定标识时,必须同时指定标识种子和标识递增量

    C. 若设定标识时,未指定标识递增量,那么使用 SQL 语句插入数据时,可以为标识列指定递增值

    D. 只能把主键设定为标识列

答案:B

※ 知识点说明:

(1) 只有整型、短整型、大整型等整型类字段可以被设置为标识列(自动增长列)。

(2) 具体步骤是:右击相应列,在菜单中选择"属性"命令。弹出"属性"页,在"标识列"右侧的选择列表中选择列,关闭"属性"页,标志列即创建成功,保存表即可。之后在为表插入记录时,系统会为该字段自动赋值,默认从 1 开始,每次增 1(亦可设置初值和增量)。

(3) 不允许用户为标识列赋值。当前记录被删除时,不影响插入记录的标识列数值自动继续增值。

选项 A,不满足知识点(3)的要求。插入数据时,不允许为标识列赋值。

选项 B,无论是使用 SSMS 的菜单功能设置标识列,还是使用 SQL 语句设置某表的某

列为标识列,都需要明确指出该标识列的初值和增量。虽然使用菜单操作的时候可以使用默认设定的初值和增量,但也是系统帮助设定了初值和增量。所以答案选 B。

选项 C,与知识点(3)矛盾,虽然可以将某表的数据以查询结果的方式插入到新建表中,同时为新建表插入新的标识列,并且指出标识列的初值和增量,但是这个标识列是新的,表也是在插入数据的同时新建的,不是已知表。

选项 D,根据知识点(1),只要是整形,都可以设置为标识列。

3. 现有 user(userid, username, salary, deptid, email)和 department(deptid, deptname)两张表,下面(   )应采用检查约束来实现。

    A. 若 department 中不存在 deptid 为 2 的纪录,则不允许在 user 表中插入 deptid 为 2 的数据行

    B. 若 user 表中已经存在 userid 为 10 的记录,则不允许在 user 表中再次插入 userid 为 10 的数据行

    C. user 表中的 salary(薪水)值必须在 1000 元以上

    D. 若 user 表的 email 列允许为空,则向 user 表中插入数据时,可以不输入 email 值

答案:C

※ 知识点说明:

选项 A 属于引用完整性约束主从表的外键值问题,要求从表外键的数据必须取自主表。所以 A 要通过外键约束来实现。

选项 B 必须通过将 userid 设为主键约束来实现,属于实体完整性问题。

选项 C 需要通过创建 check 约束实现。

选项 D 属于域完整性问题。

4. 定义表时,对列中进行的取值范围和格式限制,称为(   )。

    A. 唯一性约束   B. 检查约束   C. 主键约束   D. 默认约束

答案:B

5. 下列哪些对象可以在 SQL Server 2012 的 SSMS 中创建(   )。

    A. 用户数据库   B. 用户表   C. 约束   D. 触发器

答案:A、B、C、D。效果如图 4.31 所示。

4.3.2　上机题

1. 在 SQL Server 中,创建一个网吧计费用的数据库,要求如下:

(1) 数据库名:NetBar;

(2) 物理文件位置:E:\NetBar(也可选择其他的磁盘);

(3) 数据库物理文件初始大小:5MB;

(4) 是否允许自动增长:是;

(5) 自动增长方式:每次增加 5MB;

(6) 最大数据增长容量:500MB;

(7) 是否自动收缩:是;

(8) 数据库登录名:NetManager;

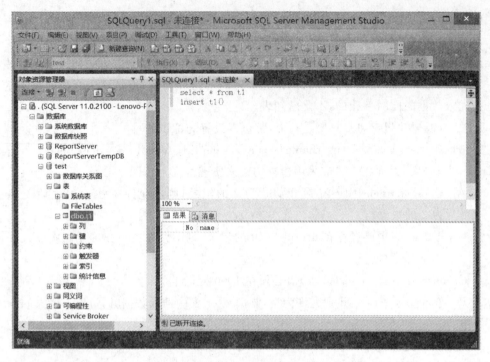

图 4.31　SSMS 截图

（9）登录对数据库的访问权限：只能执行查询，其他所有操作都不允许。

　　答案：创建数据库的截图如图 4.32 所示，创建数据登录名 NetManager 并设置数据库的访问权限的截图如图 4.33 所示。

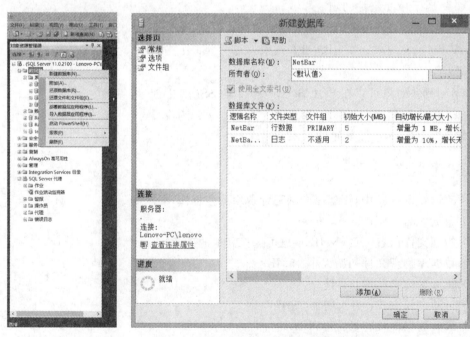

(a) 新建数据库　　　　　　　　　　(b) 在"常规"页编辑数据库名字和初始大小

图 4.32　新建数据库 NetBar 过程截图

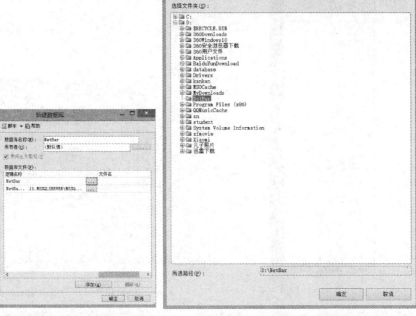

(c) 选择物理文件地址　　　　　　　　　(d) 浏览选择物理文件存储地址

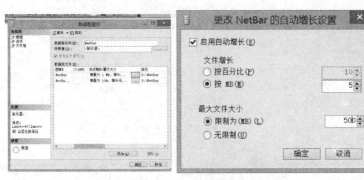

(e) 选择设置物理文件的自动增长　　　(f) 编辑物理文件自动增长方式

(g) 在新建数库的选项页设置自动收缩

图 4.32 （续）

(a) 安全性→登录名→新建登录名

(b) 新建登录名,常规页编辑登录名各选项

(c) 服务器角色页设置

(d) 用户映射页设置

(e) 安全对象页设置

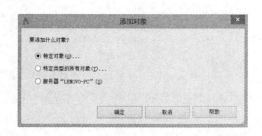

(f) 单击"搜索"按钮

图 4.33 创建数据库 NetBar 的登录用户及其访问权限

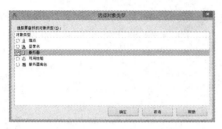

(g) 选择对象类型为"服务器"

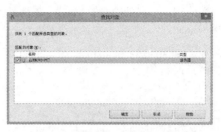

(h) 选择具体的服务器实例对象

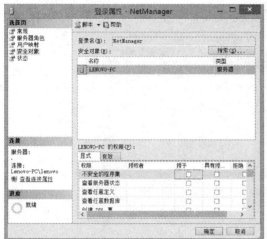

(i) 设置登录名的服务器权限

(j) 登录名设置成功　　(k) 查看数据库用户

(l) 设置数据库用户属性

(m) 在安全对象页单击"搜索"按钮

图 4.33 （续）

使用 SQL Server 设计数据库

86

(n) 设置选择对象类型为"用户"   (o) 设置要选择的对象为用户"NetManager"

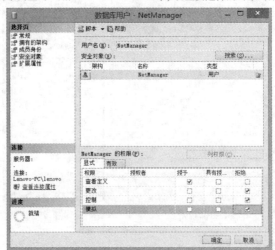

(p) 设置用户的权限为"查看定义"

图 4.33 （续）

2. 在前面创建的网吧计费数据库 NetBar 中，创建满足表 4.9～表 4.11 要求的数据库表。

表 4.9 上网卡结构表

表名	Card	作用	存储上网卡信息		
主键	ID				
列名	数据类型	长度	是否允许为空	字段说明	
ID	varchar	10	否	主键,不允许有相同值	
PassWord	varchar	50	否	密码	
Balance	int	4	是	卡上的余额	
UserName	varchar	50	是	持卡人的姓名	

表 4.10   计算机表

表名	Computer	作用	存储计算机及状态信息	
主键			ID	
列名	数据类型	长度	是否允许为空	字段说明
ID	varchar	10	否	主键,不允许有相同值
OnUse	Varchar	1	否	是否正在使用
Note	Varchar	100	是	备注和说明信息

表 4.11   上机信息表

表名	Record	作用	存储每次上机的信息	
主键			ID	
列名	数据类型	长度	是否允许为空	字段说明
ID	numeric	8	否	主键,不允许有相同值
CardID	varchar	10	否	外键,引用 Card 表的 ID 字段
ComputerID	varchar	10	否	外键,引用 Computer 表的 ID 字段
BeginTime	smalldatatime	4	是	开始上机时间
EndTime	smalldatatime	4	是	下机时间
Fee	numeric	9	是	本次上机费用

答案:

新建上网卡结构表如图 4.34 所示,新建计算机表如图 4.35 所示,新建上机信息表如图 4.36 所示。

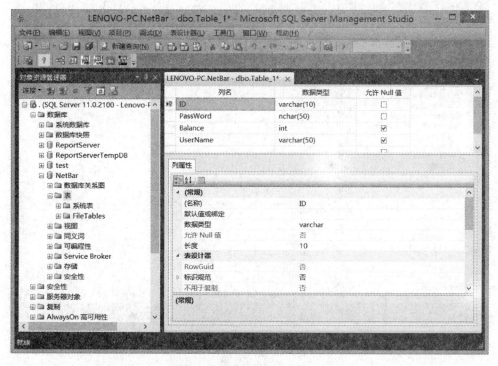

图 4.34   新建上网卡表 Card

使用 SQL Server 设计数据库

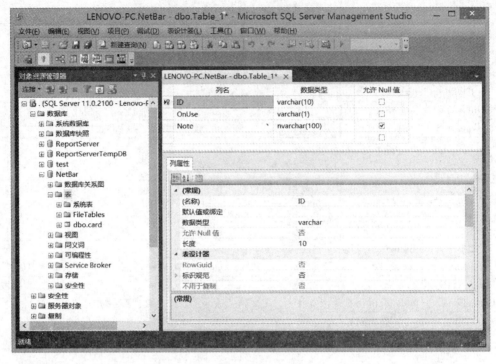

图 4.35　新建计算机表 Computer

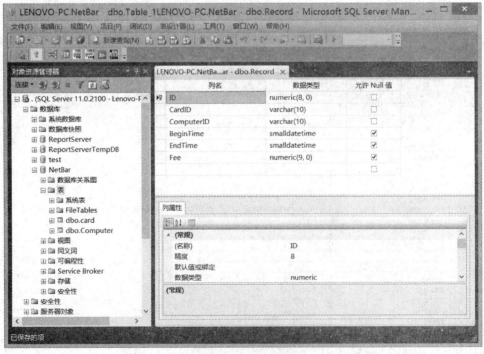

(a) 新建上机信息表 Record

图 4.36　新建上机信息表 Record

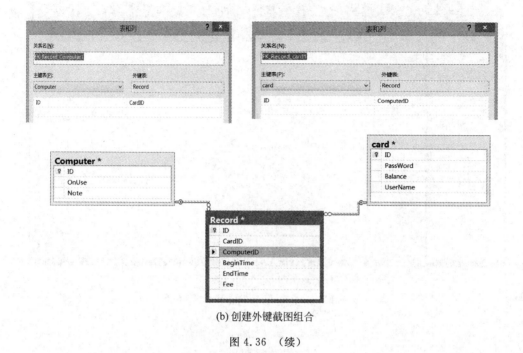

(b) 创建外键截图组合

图 4.36 （续）

3. 创建表之后，编写和实施约束，要求如下。

（1）针对 Record 表的 CardID、ComputerID 字段，分别与 Card 表、Computer 表建立主外键关系（引用完整性约束）。

（2）Card 表中，卡上的余额不能超过 1000。

（3）Computer 表中，OnUse 只能是 0 或者 1。

（4）Record 表中，EndTime 不能早于 BeginTime。

答案：

（1）效果见图 4.36 中的子图（b）。方法有两种，一种是打开表 Record 的表设计器，单击"关系"按钮，之后在外键关系表中单击"表和列规范"，创建外键关系。另一种是右击 NetBar 数据库的"数据库关系图"，选择新建数据库关系图，添加数据库中所有的表。然后选中从表的外键向主表方向拖曳，出现虚线并到达主表后松开，在出现的"表和列"对话框中编辑主表和从表的主外键关系。

（2）为 Card 表加 CHECK 约束，如图 4.37 所示。

（3）设置 Computer 表的 OnUse 列，如图 4.38 所示。

（4）完成 Record 表中 EndTime 不能早于 BeginTime 的设置，如图 4.39 所示。

注意：如果设计数据库时，强制要求某字段的长度，比如要求 Card 的 ID 列的长度只能为 10，则需要添加 CHECK 约束：len(ID)＝10。若此字段还涉及外键，则要连同外键一起修改。

4. 为数据库 NetBar 创建数据库用户——网管，用来专门管理网吧普通用户的上网操作，为他设计专门的 SQL Server 账号和权限。

答案：

如果网管也负责管理数据库后台服务，可以只设置不带登录名的 SQL 用户：

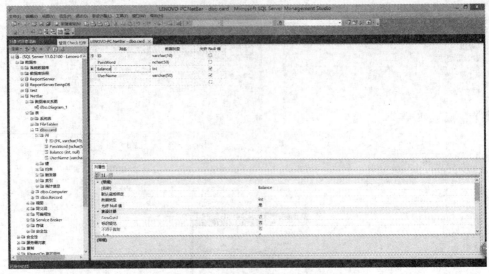

(a) 打开表Card的表设计器,选中▦CHECK约束编辑器

(b) 在CHECK约束对话框中编辑表达式

图 4.37　Card 表添加 CHECK 约束截图

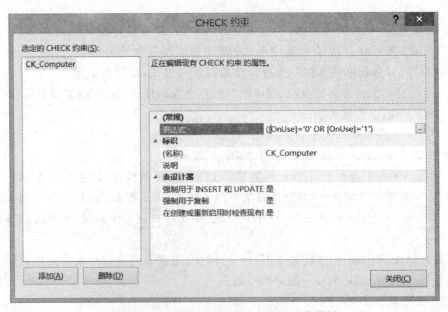

图 4.38　Computer 表添加 CHECK 约束截图

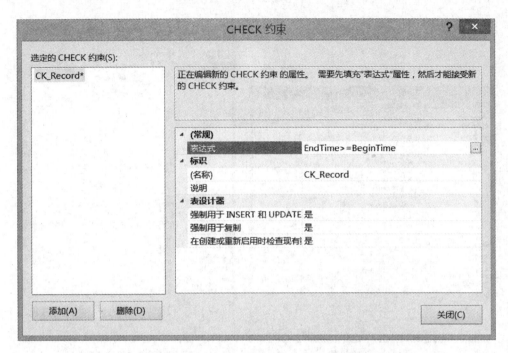

图 4.39　Record 表添加 CHECK 约束截图

WangGuan。方法为：在数据库 NetBar 的安全性下，右击"安全性"选项，选择"新建数据库用户"命令，设置用户的各属性，注意赋予网管可以增、改、查数据表，但不允许删除表数据等其他的功能。结果如图 4.40 所示。

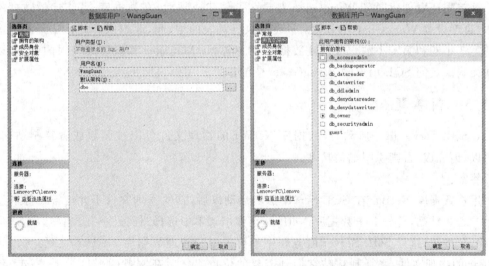

(a) 常规页设置　　　　　　　　　　　　　　(b) 拥有的框架设置

图 4.40　创建不带登录名的 SQL 用户 WangGuan 截图

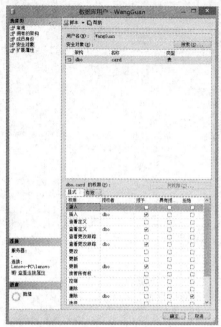

(c) 成员身份页设置   (d) 安全对象页设置结果截图

图 4.40 （续）

值得说明的是，虽然数据库用户设置成功了，但是为了提高数据的安全性能，一般只为网管提供前台程序的数据维护功能。所以，一般应该创建带登录的 SQL 用户。

这首先还要创建同名 WangGuan 登录名。创建成功后，在数据库 NetBar 的数据库用户中，再度设置 WangGuan 的权限：只设置执行对表的增、删、改权限。此方法请参考上机题的第 3 小题和第 4 小题——创建数据库登录名 NetManager 和设置其权限的答案，以及创建无登录名的 SQL 用户的 WangGuan 的方法。

4.3.3 简答题

1. SQL Server 服务启动时，数据库 NetBar 的物理文件可以被删除或者复制粘贴么？若可以，请完成，否则说明如何粘贴。

答案：

用户数据库 NetBar 在 SQL Server 服务启动以后，它的物理文件不允许被删除和复制粘贴。若想粘贴，首先右击数据库 NetBar，在弹出菜单中选择"任务"→"分离"选项，之后单击"确定"按钮，这样 SQL Server 服务程序不再占用和管理数据库 NetBar，之后，可以选择 NetBar 的物理文件，并复制粘贴它们到需要的位置。之后在服务的根目录下，右击"数据库"，在弹出菜单中选择"附加"选项，在弹出的"附加数据库"对话框中，单击"添加"按钮，选择 NetBar 的物理文件，之后单击对话框下侧的"确定"按钮。数据库 NetBar 又启动了。

2. 如何将某数据库移到其他物理位置上。

答案：

首先右击该数据库名，在弹出菜单中选择"任务"→"分离"选项，之后单击"确定"按钮。

选中该数据库的物理文件,并剪切粘贴至目标文件夹。在服务的根目录下,右击"数据库",在弹出菜单中选择"附加"选项,在弹出的"附加数据库"对话框中,单击"添加"按钮,选择目标文件夹中的物理文件,之后单击对话框下侧的"确定"按钮。该数据库移动成功了。

3. 如果 SQL Server 的系统数据库 Master 被错误地删除了,能恢复吗? 其他的用户数据库呢? 有什么好的办法帮助数据恢复吗?

答案:

(1) 如果 SQL Server 的系统数据库 Master 被错误地删除了,是能够恢复的。

值得说明的是,在 SQL Server 2012 中删除系统数据库是基本不可能的,与 SQL Server 2000 中系统数据库与用户数据库的操作几乎无区别不同,SQL Server 2012 对系统数据库的保护是很全面的,对系统数据库根本没有提供删除、分离、附加等功能。

但即便如此,也有可能通过将系统数据库的物理文件移除的方式将系统数据库删除。

系统数据库一旦被删除,掌握非常专业的技术后,也可以将系统数据库恢复。方法不止一种。最直接的方法是打开 ,选择"维护"中的"修复"选项,来重新修复系统数据库。

(2) 其他的用户数据库被删除了,没有更好的办法帮助数据恢复。可以尝试使用 EasyRecovery 之类的数据恢复软件恢复其物理文件之后,再附加的方式进行恢复。如果幸运地找回了用户数据库的数据文件,就能恢复成功。

所以,数据库用户一定要及时做好自身数据库的备份。备份方法一般有以下两种:

① 可以采取恢复备份文件的方法来保护用户数据库。但一定要注意,只能恢复备份文件。

② 可以将用户的物理文件及时地进行复制备份,在需要的时候,可以有选择地附加需要的用户数据库版本。

小结

SQL Server 创建表的过程是规定数据列的属性的过程,同时也是实施数据完整性(包括实体完整性、引用完整性和域完整性等)保证的过程。

实体完整性要求数据行不能存在重复,引用完整性要求子表中的相关项必须在主表中存在。

域完整性实现了对输入到特定列的数值的限制。

SQL Server 中存在 5 种约束,分别是主键约束、外键约束、检查约束、默认约束和唯一性约束(唯一性约束将在后续课程中使用 SQL 语句实现)。

创建数据库表需要确定表的列名、数据类型、是否允许为空,还需要确定主键、必要的默认值、标识列和检查约束。

如果建立了主表和子表的关系,则子表中的相关项目的数据在主表中必须存在;主表中相关项的数据更改了,则子表对应的数据项也应当随之更改;在删除子表之前,不能够删除主表。

第5章 使用 SQL 语言管理和设计数据库

学习目标

- 了解 SQL Server 的数据管理功能。
- 掌握基本数据查询方法。
- 熟练掌握使用 SQL 语句设计和管理数据库。

知识脉络图

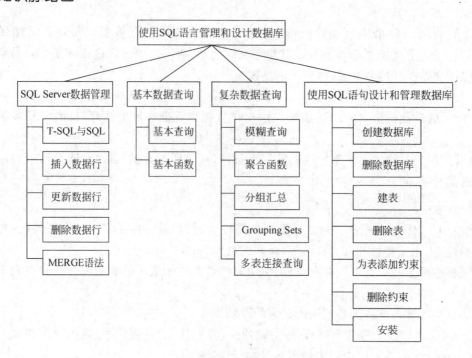

5.1 重点难点解析

1. SQL 与 T-SQL

SQL 和 T-SQL 的对比如表 5.1 所示。

2.（重点※）运算符、通配符和逻辑运算符

SQL 运算符、通配符和逻辑运算符如表 5.2 所示。

3.（重点※）插入数据

插入数据的语法说明如表 5.3 所示。

表 5.1　SQL 与 T-SQL 对比

	SQL	T-SQL
定义	SQL 语言的全称是 Structured Query Language，即结构化查询语言。它是关系数据库的语言	T-SQL 的全称 Transact-SQL，是 SQL 的加强版
功能	包括数据定义语言 DDL(DDL 用来建立数据库、数据库对象和定义其列，语句有 CREATE TABLE、DROP TABLE 等)、数据管理语言 DML(DML 语言用来查询、插入、删除和修改数据库中的数据，语句有 SELECT、INSERT、UPDATE、DELETE 等)和数据控制语言 DCL(DCL 语言用来控制存取许可、存取权限等，语句有 GRANT、REVOKE 等)三部分	包括 DDL、DML、DCL 和变量说明、流程控制、功能函数，后者用于定义变量、判断、分支、循环结构等，函数包括日期函数、数学函数、字符函数、系统函数等

表 5.2　SQL 运算符、通配符和逻辑运算符一览表

SQL 运算符		
符号	解　释	示　例
=	等于	姓名＝'李明'
＞	大于	年龄＞20
＜	小于	分数＜60
＞=	大于或等于	分数＞=60
＜=	小于或等于	分数＜=60
＜＞	不等于	性别＜＞'男'
!	非	!（号码＝'001' OR 号码＝'006'）

SQL 通配符		
符号	解　释	示　例
'_'	一个字符	A Like 'C_'
%	任意长度的字符串	B Like 'CO_%'
[]	括号中所指定范围内的一个字符	C Like '9W0[1-2]'
[^]	不在括号中所指定范围内的一个字符	D Like '%[A-D][^1-2]'

SQL 逻辑运算符		
符号	解　释	示　例
AND	逻辑与	1 AND 1 = ; 1 AND 0 = 0; 0 AND 0 = 0
OR	逻辑或	1 OR 1 = 1; 1OR 0 = 1; 0 OR 0 = 0
NOT	逻辑非	NOT 1 = 0; NOT 0 = 1

表 5.3　插入语句

名　称	语　法	说　明
插入一行数据	INSERT [INTO] <表名> [列名] VALUES <值列表> 例： INSERT INTO Students (SName, SAddress, SGrade, SEmail,SSEX) VALUES ('张莉',DEFAULT,6,'ZQC@Sohu.com', 0)	注意： (1) 每次插入一行数据，不可能只插入半行或者几列数据，因此，插入的数据是否有效将按照整行的完整性的要求来检验； (2) 每个数据值的数据类型、精度和小数位数必须与相应的列匹配； (3) 不能为标识列指定值，因为它的数字是自动增长的； (4) 如果在设计表的时候就指定了某列不允许为空，则必须插入数据； (5) 插入的数据项要求符合检查约束的要求； (6) 具有缺省值的列，可以使用 DEFAULT (缺省)关键字来代替插入的数值

使用 SQL 语言管理和设计数据库

续表

名 称	语 法	说 明
插入多行数据	从已知表向已知表插入若干条满足条件的记录。语法如下： 　　INSERT INTO <表名>(列名) 　　SELECT <列名> 　　FROM <源表名>	例： INSERT INTO　TongXunLu ('姓名','地址','电子邮件') SELECT SName,SAddress,SEmail FROM Students
	从已知表向未知表插入多行数据，语法如下： SELECT (列名) INTO <表名> FROM <源表名>	该语句只能执行一次。 例： SELECT Students.SName,Students.SAddress,Students.SEmail INTO TongXunLu FROM Students
	SELECT INTO 插入多行数据的时候，插入新的标识列的语法如下： SELECT IDENTITY(数据类型,标识种子,标识增长量) AS 列名 INTO 新表 FROM 原始表	例： SELECT Students.SName,Students.SAddress,Students.SEmail,IDENTITY(int,1,1) As StudentID INTO TongXunLuEX FROM Students
	插入多行常值记录,语法如下： INSERT INTO <表名>(列名) SELECT <列名> UNION SELECT <列名> UNION …… SELECT <列名>	例： INSERT　STUDENTS (SName,SGrade,SSex) SELECT '测试女生 1',7,0 UNION SELECT '测试女生 2',7,0 UNION SELECT '测试女生 3',7,0 UNION SELECT '测试女生 4',7,0 UNION SELECT '测试女生 1',7,0 UNION SELECT '测试男生 2',7,1 UNION SELECT '测试男生 3',7,1 UNION SELECT '测试男生 4',7,1 UNION SELECT '测试男生 5',7,1
	简化的插入多条记录的 SQL 语句	例： insert into table1(name,tNo) values ('Tom','123'),('John','456'),('Jack','569')

4. (重点※)更新数据行

更新数据行的语法说明如表 5.4 所示。

表 5.4　更新语句

名 称	语 法	说 明
单表更新	UPDATE <表名> SET <列名 1 = 更新值 1>,…… SET <列名 n = 更新值 n> [WHERE <更新条件>]	例：用常量作更新值。 UPDATE Students SET SSEX = 0 例：有条件更新。 UPDATE Students SET SAddress = '北京' WHERE SAddress = '南京' 例：用表达式更新。 UPDATE Scores SET Scores = Scores + 5 WHERE Scores <= 95

名　称	语　法	说　明
用其他表中的数据更新表数据	UPDATE <表名 1> SET <表名 1.列名 = 表名 2.列名> from <表名 1>,<表名 2> [WHERE <更新条件>]	例: update B setB. XX = C. XX from B,C where B. XX = '111'
使用复合赋值操作符	UPDATE <表名> SET <列名 += 表达式> [WHERE <更新条件>]	例: update table1 set C1 + = 2 where name = 'Tom'

5.（重点※）删除数据行

删除数据行的语法说明如表 5.5 所示。

表 5.5　删除数据行

名　称	语　法	说　明
删除数据行	DELETE FROM <表名> [WHERE <删除条件>]	例: DELETE FROM Students WHERE SName = '张青'
清空表中数据	TRUNCATE TABLE <表名>	TRUNCATE TABLE table1

6. MERGE 语法

MERGE 语法说明如表 5.6 所示。

表 5.6　MERGE 语法

名　称	语　法	说　明
MERGE 语法是在一条语句中同时执行插入、更新、删除这 3 个操作。操作原理是根据与源表联接的结果,对目标表执行插入、更新或删除操作。例如,根据在另一个表中找到的差异在一个表中插入、更新或删除行,可以将两个表进行同步。SQL Server 2008 新增加的语法	MERGE 语法主要包含 4 个子句:MERGE 子句用于指定进行 INSERT、DELETE 和 UPDATE 操作的目标表或视图,USING 子句用于指定要与目标数据连接的数据源,ON 子句用于指定目标数据与数据源联接位置的匹配条件,WHEN 子句用于根据 ON 子句的结果指定操作	例: MERGE Orders AS o1 USING Orders2 AS o2 ON o2.OrderID = o1.OrderID WHEN MATCHED THEN UPDATE SET o1.CustomerID = o2.CustomerID WHEN NOT MATCHED THEN NSERT VALUES (o2. OrderID, o2.CustomerID) WHEN NOT MATCHED BY SOURCE THEN DELETE

7.（重点※）基本查询

基本查询语句的语法说明如表 5.7 所示。

表 5.7　基本查询

名　称	说　明
单表查询语法: SELECT　　　<列名> FROM　　　<表名> [WHERE　　<查询条件表达式>] [ORDER BY <排序的列名>[ASC 或 DESC]]	例: USE 数据库名 -- 打开数据库 SELECT SCode, SName, SAddress FROM　Students WHERE　SSEX = 0 ORDER BY SCode

97

第 5 章

名　称	说　明
查询全部的行和列	例：SELECT * FROM Students
查询部分行	例：SELECT SCode,SName,SAddress FROM Students 　　WHERE SAddress = '河南'
数据查询——列名	(1) 使用 AS 来命名列 例：SELECT FirstName + '.' + LastName AS '姓名' FROM Employees
	(2) 使用＝来命名列 例：SELECT '姓名' = FirstName + '.' + LastName FROM Employees
	(3) 使用常量列 例：SELECT 姓名 = SName,地址 = SAddress,'河北新龙' AS 学校名称 　　FROM Students
	(4) 判断一行中的数据项是否为空 例：SELECT SName From Students where sEmail IS NULL
数据查询——限制行数	(1) 限制固定行数 例：SELECT TOP 5 SName, SAddress　FROM Students WHERE SSex = 0
	(2) 返回百分之多少行 例：SELECT TOP 20 PERCENT SName, SAddress FROM Students WHERE SSex = 0
数据查询——排序	(1) 升序排列 例：SELECT StudentID As 学员编号,(Score * 0.9 + 5) As 综合成绩 　　FROM Score WHERE (Score * 0.9 + 5)>60 ORDER BY Score
	(2) 降序排列 例： SELECT Au_Lname + '.' + Au_fName AS EMP FROM Authors Union SELECT fName + '.' + LName AS EMP FROM Employee ORDER BY EMP DESC
	(3) 按多列排序 例： SELECT StudentID As 学员编号, Score As 成绩 FROM Score WHERE Score>60 ORDER BY Score,CourseID
DISTINCT——去掉重复记录行	例：在成绩表 scores(stuNo,cNo,score)中查询参加考试的学生考号。 SELECT DISTINCT stuNo FROM scores

8.（重点※）利用函数查询

查询中使用的一些函数的说明如表 5.8 所示。

表 5.8　函 数 一 览 表

字 符 串 函 数

函数名	描　　述	举　　例
CHARINDEX	用来寻找一个指定的字符串在另一个字符串中的起始位置	SELECT CHARINDEX('ABC','My ABC Course',1) 返回：4
LEN	返回传递给它的字符串长度	SELECT LEN('SQL Server 课程') 返回：12
LOWER	把传递给它的字符串转换为小写	SELECT LOWER('SQL Server 课程') 返回：sql server 课程
UPPER	把传递给它的字符串转换为大写	SELECT UPPER('sql server 课程') 返回：SQL SERVER 课程
LTRIM	清除字符左边的空格	SELECT LTRIM ('City') 返回：City　（后面的空格保留）
RTRIM	清除字符右边的空格	SELECT RTRIM ('City') 返回：City(前面的空格保留)
RIGHT	从字符串右边返回指定数目的字符	SELECT RIGHT('买卖提.吐尔松',3) 返回：吐尔松
REPLACE	替换一个字符串中的字符	SELECT REPLACE('莫乐可切.杨可','可','兰') 返回：莫乐兰切·杨兰
STUFF	在一个字符串中,删除指定长度的字符,并在该位置插入一个新的字符串	SELECT STUFF('ABCDEFG', 2, 3, '我的音乐我的世界') 返回：A 我的音乐我的世界 EFG

日 期 函 数

函数名	描　　述	举　　例
GETDATE	取得当前的系统日期	SELECT GETDATE() 返回：今天的日期
DATEADD	将指定的数值添加到指定的日期部分后的日期	SELECT DATEADD(mm,4,'01/01/99') 返回：以当前的日期格式返回 05/01/99
DATEDIFF	两个日期之间的指定日期部分的区别	SELECT DATEDIFF(mm,'01/01/99','05/01/99') 返回：4
DATENAME	日期中指定日期部分的字符串形式	SELECT DATENAME(dw,'01/01/2000') 返回：Saturday
DATEPART	日期中指定日期部分的整数形式	SELECT DATEPART(day, '01/15/2000') 返回：15

数 学 函 数

函数名	描　　述	举　　例
ABS	取数值表达式的绝对值	SELECT ABS(−43) 返回：43
CEILING	返回大于或等于所给数字表达式的最小整数	SELECT CEILING(43.5) 返回：44
FLOOR	取小于或等于指定表达式的最大整数	SELECT FLOOR(43.5) 返回：43

使用 SQL 语言管理和设计数据库

续表

数 学 函 数

函数名	描　述	举　例
POWER	取数值表达式的幂值	SELECT POWER(5,2) 返回：25
ROUND	将数值表达式四舍五入为指定精度	SELECT ROUND(43.543,1) 返回：43.5
Sign	对于正数返回＋1,对于负数返回－1,对于0则返回0	SELECT SIGN(－43) 返回：－1
Sqrt	取浮点表达式的平方根	SELECT SQRT(9) 返回：3

系 统 函 数

函数名	描　述	举　例
CONVERT	用来转变数据类型	SELECT CONVERT (VARCHAR (5),12345) 返回：字符串12345
CURRENT_USER	返回当前用户的名字	SELECT CURRENT_USER 返回：你登录的用户名
DATALENGTH	返回用于指定表达式的字节数	SELECT DATALENGTH ('中国A盟') 返回：7
HOST_NAME	返回当前用户所登录的计算机的名字	SELECT HOST_NAME() 返回：你所登录的计算机的名字
SYSTEM_USER	返回当前所登录的用户名称	SELECT SYSTEM_USER 返回：你当前所登录的用户名
USER_NAME	从给定的用户ID返回用户名	SELECT USER_NAME(1) 返回：从任意数据库中返回"dbo"

9（重点※）模糊查询

模糊查询的语法说明如表5.9所示。

表 5.9　模糊查询一览表

名　称	说　明
LIKE：在查询时,字段中的内容并不一定与查询内容完全匹配,使用 LIKE 和通配符	例： SELECT SName AS 姓名 FROM Students WHERE SName LIKE '张%'
IS NULL：把某一字段中内容为空的记录查询出来	例： SELECT SName As 姓名 SAddress AS 地址 FROM Students WHERE SAddress IS NULL
BETWEEN　AND：把某一字段中内容在特定范围内的记录查询出来	例： SELECT StudentID, Score FROM SCore WHERE Score BETWEEN 60 AND 80
IN：把某一字段中内容与所列出的查询内容列表匹配的记录查询出来	例： SELECT SName AS 学员姓名, SAddress As 地址 FROM Students WHERE SAddress IN ('北京','广州','上海')

10. （重点※）聚合函数

聚合函数的说明如表 5.10 所示。

表 5.10　聚合函数一览表

名　　称	说　　明
SUM	例：SELECT SUM(ytd_sales) FROM titles WHERE type = 'business'
AVG	例：SELECT AVG(SCore) AS 平均成绩 From Score WHERE Score >= 60
MAX、MIN	例：SELECT AVG(SCore) AS 平均成绩, MAX (Score) AS 最高分, MIN (Score) AS 最低分 From Score WHERE Score >= 60
COUNT	例：SELECT COUNT (*)　AS 及格人数 From Score　WHERE Score >= 60
※注意	聚合函数不单独出现在条件语句中，只与返回结果值数目一致的列一起查询

11. （重点难点※※）分组汇总

分组汇总的语法说明如表 5.11 所示。

表 5.11　分组汇总一览表

名　　称	说　　明
基本语法： SELECT　[<列名 x>], [聚合函数] FROM <表名> WHERE 条件 GROUP BY <列名 x> HAVING 条件	分组查询：GROUP BY。 WHERE 子句用于从数据源中去掉不符合其搜索条件的数据。 GROUP BY 子句用于搜集数据行到各个组中，统计函数为各个组计算统计值。 HAVING 子句用于去掉不符合搜索条件的各组数据行。 例： SELECT 部门编号, COUNT(*) FROM 员工信息表 WHERE 工资>= 2000 GROUP BY 部门编号 HAVING COUNT(*) > 1
Grouping Sets	SQL Server 2008 后新增加

12. （重点难点※※）多表连接查询

多表连接的语法说明如表 5.12 所示。

表 5.12　多表连接一览表

名　　称	语　　法	说　　明
内联接 （INNER JOIN）	两表连接： SELECT <表名.列名>　From　左表 [INNER] JOIN 右表 ON 左表.列 = 右表.列	例： SELECT S. SName,C. CourseID,C. Score From Score AS C INNER JOIN Students AS S ON C. StudentID = S.SCode
	三表内连接	例：SELECT S. SName AS 姓名, CS.CourseName AS 课程, C. Score AS 成绩 FROM Students AS SINNER JOIN Score AS C ON (S.SCode = C. StudentID) INNER JOIN Course AS CS ON (CS.CourseID = C. CourseID)

名　　称	语　　法	说　　明
普通多表查询	SELECT <表名.列名>　FROM　表 1,表 2 WHERE 左表.列 = 右表.列	
外联接	左外联接　（LEFT JOIN）	例：SELECT　S. SName, C. CourseID, C. Score 　　　FROM Students　AS S LEFT JOIN Score AS C ON C. StudentID = S. SCode
	右外联接　（RIGHT JOIN）	例：SELECT Titles. Title_id, Titles. Title, Publishers. Pub_name FROM titles RIGHT OUTER JOIN Publishers ON Titles. Pub_id = Publishers. Pub_id
UNION，两个结构相同的表的连接查询,相同列合并、记录行进行或运算	SELECT <列 1>, <…>, <列 n> FROM 表 1 UNION SELECT <列 1>, <…>, <列 n> FROM 表 2	例：表 stu1（stuNo, stuName, stuAge）和表 stu2(stuNo, stuName, stuAge)结构相同。 SELECT stuNo, stuName FROM stu1 UNION select stuNo, stuName FROM stu2

13.（重点难点※※）使用 SQL 语句创建数据库表

使用 SQL 语句创建数据库表的方法如表 5.13 所示。

表 5.13　使用 SQL 语句创建数据库表一览表

名　　称	语　　法	说　　明
创建数据库	CREATE　DATABASE 数据库名 ON [PRIMARY] (　<数据文件参数> [, …n]　[<文件组参数>]) [LOG ON] (　<日志文件参数> [, …n]) 注：主文件组,可选参数,默认 [ ]表示可选参数,帮助文本中经常会看到这些符号。	例： CREATE DATABASE stuDB 　ON　[PRIMARY] (NAME = 'stuDB',　-- 主数据文件 FILENAME = 'D:\project\stuDB. mdf', SIZE = 5MB,　　-- 初始大小 MAXSIZE = 100MB, -- 增长的最大值 FILEGROWTH = 15 % -- 增长率) [LOG ON] (NAME = 'stuDB_log',　FILENAME = 'D:\project\stuDB_log. ldf', SIZE = 2MB, FILEGROWTH = 1MB) GO

名 称	语 法	说 明

删除数据库	DROP DATABASE 数据库名	USE master
		GO
		IF EXISTS(SELECT * FROM sys.databases WHERE name = 'stuDB')
		  DROP DATABASE stuDB
		CREATE DATABASE stuDB
		ON (
		  …
		)
		LOG ON
		(
		  …
		)
		GO
		注：EXISTS(查询语句)检测语句的用法,如果查询语句返回 1 条以上的记录,即表示存在满足条件的记录,则返回为 true,否则为 false

创建表	CREATE TABLE 表名
	(
	    字段 1 数据类型 列的特征,
	    字段 2 数据类型 列的特征,
	    …
	)
	注意：
	(1) 数据类型：数据表的字段,一般都要求在数据类型后加"( )",并在其中声明长度。比如,char、varchar 等。但 int、smallint、float、datetime、image、bit 和 money 等类型不需要声明字段的长度。
	(2) 列的特征：包括该列是否为空(NULL)、是否是标识列(自动编号)、是否有默认值、是否为主键等
		例：
		USE stuDB
		GO
		CREATE TABLE stuInfo
		(
		stuName varchar(20) NOT NULL ,
		stuNo char(6) NOT NULL, stuAge INT NOT NULL,
		stuID NUMERIC(18,0),
		stuSeat smallint IDENTITY (1,1),
		stuAddress TEXT
		)
		GO
		注意：
		NUMERIC (18,0)代表 18 位数字,小数位数为 0。
		要记住有些类型不必规定长度,比如：int、smallint、datetime

删除表	DROP TABLE 表名	例： USE stuDB GO IF EXISTS(SELECT * FROM sys.objects WHERE name = 'stuInfo') DROP TABLE stuInfo CREATE TABLE stuInfo(…) GO

第5章

使用 SQL 语言管理和设计数据库

名 称	语 法	说 明
为表添加约束	ALTER TABLE 表名 ADD CONSTRAINT 约束名　约束类型　具体的约束说明	例：①主键约束： ALTER TABLE stuInfo ADD CONSTRAINT PK _ stuNo PRIMARY KEY (stuNo) ② 唯一约束 ALTER TABLE stuInfo ADD CONSTRAINT UQ_stuID UNIQUE (stuID) ③ 默认约束 ALTER TABLE stuInfo ADD CONSTRAINT DF_stuAddress DEFAULT ('地址不详') FOR stuAddress ④ 检查约束 ALTER TABLE stuInfo ADD CONSTRAINT CK_stuAge CHECK(stuAge BETWEEN 15 AND 40) ⑤ 外键约束 ALTER TABLE stuMarks ADD CONSTRAINT FK_stuNo FOREIGN KEY (stuNo) REFERENCES stuInfo (stuNo)
	在创建表时添加约束	例： CREATE TABLE stuInfo (　stuName varchar(20)　NOT　NULL , 　stuNo char(6)　Primary Key, 　stuAge int check(stuAge between 15 and 40), 　stuID NUMERIC(18,0), 　stuSeat smallint IDENTITY (1,1), 　stuAddress TEXT DEFAULT ('地址不详') 　UNIQUE (StuID)) GO CREATE TABLE stuMarks (　ExamNo　char(7)　, 　　stuNo　char(6)　, 　writtenExam　int　, 　LabExam　int , 　Primary key(ExamNo), 　Foreign key (stuNo) references stuInfo (stuNo)) GO

名　　称	语　　法	说　　明
删除约束	ALTER TABLE 表名 　　　DROP CONSTRAINT 约束名	例： ALTER　TABLE　stuInfo DROP　CONSTRAINT　DF_stuAddress
创建登录 账户	添加 Windows 登录账户。 EXEC sp_grantlogin 'windows 平台用户'	例：EXEC sp_grantlogin 'jbtraining\S26301' 注：EXEC 能调用存储过程
	添加 SQL 登录账户。 EXEC sp_addlogin 'SQL 登录账户','密码'	例：EXEC sp_addlogin 'zhangsan', '1234' 注：内置的系统管理员账户 sa,密码默认为 空,建议修改密码
创建数据 库用户	需要调用系统存储过程 sp_grantdbaccess。 EXEC sp_grantdbaccess'登录账户名','数据 库用户名' 注：其中,"数据库用户"为可选参数,默认为 登录账户,即数据库用户默认和登录账户 同名	例： USE stuDB GO EXEC sp_grantdbaccess 'zhangsan', 'zhangsanDBUser'
向数据库 用户授权	GRANT 权限[ON　表名]　TO　数据库用户	例： USE　stuDB GO /* -- 为 zhangsanDBUser 分配对表 stuInfo 的 SELECT, INSERT, UPDATE 权限 -- */ GRANT SELECT, INSERT, UPDATE 　　ON　stuInfo　TO　zhangsanDBUser /* -- 为 S26301DBUser 分配建表的权限 -- */ GRANT　CREATE　TABLE　TO　S26301DBUser

5.2　典型例题讲解

【例 5.1】　某动物园要求制作一个动物管理方面的数据库,请使用 SQL 语句设计出此数据库的设计。要求能够查询动物信息、饲养过程信息等。

答：根据题意,设计出如下关系模式。

动物类别：AnimalKind(AKID,AKName,lifeHabit,habitat)

动物笼舍：House(HID,HName,HAddr)

动物：Animal(AID,AName,AKID,HID)

饲养员：Keeper(KID,IDCard,KName,KTel,KAddr)

饲养过程：Raise(KID,HID,RDate,raising)

标下画线的属性是主键,外键基本也很清楚,所以建库表的 SQL 语句如下所示：

```
-- 建数据库 AnimalManage
use master
if exists(select * from sysdatabases where name = 'AnimalManage')
```

```
    drop database AnimalManage
    go
create database AnimalManage
on
(
  name = 'AnimalManage_data',
  filename = 'D:\AnimalManage_data.mdf',
  size = 5MB,
  filegrowth = 10 %
)
log on
(
  name = 'AnimalManage_log',
  filename = 'D:\AnimalManage_log.ldf',
  size = 1MB,
  filegrowth = 5MB
)
Go


use AnimalManage
-- 建表
-- 动物类别: AnimalKind(AKID, AKName, lifeHabit, habitat)
if exists(select * from sysobjects where name = 'AnimalKind')
    drop table AnimalKind
    go
create table AnimalKind
(
  AKID varchar(8) primary key,
  AKName varchar(10) not null,
  lifeHabit varchar(50),
  habitat varchar(50)
)
GO


-- 动物笼舍: House(HID, HName, HAddr)
if exists(select * from sysobjects where name = 'House')
    drop table House
    go
create table House
  (
  HID varchar(8) primary key,
  HName varchar(20) not null,
  HAddr varchar(50)
  )
  go

    -- 动物: Animal(AID, AName, AKID, HID)
    if exists(select * from sysobjects where name = 'Animal')
```

```
    drop table Animal
    go
    create table Animal
    (
    AID varchar(8) primary key,
    AName varchar(50) not null,
    AKID varchar(8),
    HID varchar(8),
    foreign key(AKID) References AnimalKind(AKID),
    foreign key(HID) References House(HID)
    )
    go

    -- 饲养员：Keeper(KID,IDCard,KName,KTel,KAddr)
    if exists(select * from sysobjects where name = 'Keeper')
    drop table Keeper
    go
    create table Keeper
    (
    KID varchar(8) primary key,
    IDCard varchar(18) check(len(IDCard) = 18),
    KName varchar(10) not null,
    KTel varchar(20),
    KAddr varchar(50)
     )
    go

-- 饲养过程：Raise(KID,HID,RDate,raising)
if exists(select * from sysobjects where name = 'Raise')
    drop table Raise
    go
    create table Raise
    (
    KID varchar(8),
    HID varchar(8),
    RDate smallDate Time,
    rasing varchar(50),
    primary key(KID,HID,RDate),
    foreign key(KID) References Keeper(KID),
    foreign key(HID) References House(HID),
    )
    Go

-- 插入测试数据
use AnimalManage
insert into AnimalKind select 'AK000001','熊猫','杂食,世界濒危物种,国家特级保护动物','分布于
四川'
insert into AnimalKind select 'AK000002','东北虎','食肉,世界濒危物种,国家一级保护动物','分布
```

于亚洲东北部'
insert into AnimalKind select 'AK000003','华南虎','食肉,极度濒危物种,在野外已灭绝,国家一级
保护动物','中国特种虎,仅分布在中国'
insert into AnimalKind select 'AK000004','雕','食肉猛禽,国家二级保护动物','在中国,分布于东
北、华北、华东、西北及新疆'
--
insert into House select 'H0000001','熊猫馆','公园正门北侧'
insert into House select 'H0000002','东北虎园','公园东南部'
insert into House select 'H0000003','华南虎园','公园南部'
insert into House select 'H0000004','雕园','公园西部'
---
insert into Animal select 'A0000001','熊猫欢欢','AK000001','H0000001'
insert into Animal select 'A0000002','熊猫慢慢','AK000001','H0000001'
insert into Animal select 'A0000003','熊猫乐乐','AK000001','H0000001'
insert into Animal select 'A0000004','东东虎','AK000002','H0000002'
insert into Animal select 'A0000005','壮壮虎','AK000002','H0000002'
insert into Animal select 'A0000006','南南虎','AK000003','H0000003'
insert into Animal select 'A0000007','青雕 1 号','AK000004','H0000004'
insert into Animal select 'A0000008','金雕 2 号','AK000004','H0000004'
----
insert into Keeper select 'K0000001','370102197909122569','李莉','159875687546','A 市'
insert into Keeper select 'K0000002','110101199011232318','黄涛','187465213625','A 市'
insert into Keeper select 'K0000003','101211199109305612','孙吉','156231458975','A 市'
insert into Keeper select 'K0000004','210123198002151232','兰朵','139582512536','A 市'
-----
insert into Raise select 'K0000001','H0000001','2016 - 07 - 11 09:00:00','新鲜蔬果 100 斤'
insert into Raise select 'K0000002','H0000002','2016 - 07 - 11 09:00:00','新鲜猪肉 100 斤'
insert into Raise select 'K0000003','H0000003','2016 - 07 - 11 08:49:00','新鲜猪肉 40 斤'
insert into Raise select 'K0000004','H0000004','2016 - 07 - 11 09:00:00','活兔 20 斤'

------ 查看各表
select * from AnimalKind
select * from House
select * from Animal
select * from Keeper
select * from Raise

-- 查看动物基本情况和饲养状况
-- 可使用五表内连接查询,
-- 动物名称 - 动物类别 - 动物生活习性 - 栖息地 - 馆笼 - 馆笼地址 - 吃的食物情况 - 喂养时间 -
饲养员
select Animal. AID, AName, AnimalKind. AKName, lifeHabit, habitat, House. HID, HName, HAddr, rasing,
RDate, Keeper. KName from Animal inner join AnimalKind on Animal. AKID = AnimalKind. AKID inner
join House on Animal. HID = House. HID inner join Raise on House. HID = Raise. HID inner join Keeper
on Raise. KID = Keeper. KID

查询结果如图 5.1 所示。

	AID	AName	AKName	lifeHabit	habitat
1	A0000001	熊猫欢欢	熊猫	杂食,世界濒危物种,国家特级保护动物	分布于四川
2	A0000002	熊猫慢慢	熊猫	杂食,世界濒危物种,国家特级保护动物	分布于四川
3	A0000003	熊猫乐乐	熊猫	杂食,世界濒危物种,国家特级保护动物	分布于四川
4	A0000004	东东虎	东北虎	食肉,世界濒危物种,国家一级保护动物	分布于亚洲东北部
5	A0000005	壮壮虎	东北虎	食肉,世界濒危物种,国家一级保护动物	分布于亚洲东北部
6	A0000006	南南虎	华南虎	食肉,极度濒危物种,在野外已灭绝,国家一级保护动物	中国特种虎,仅分布在中国
7	A0000007	青雕1号	雕	食肉猛禽,国家二级保护动物	在中国,分布于东北、华北、
8	A0000008	金雕2号	雕	食肉猛禽,国家二级保护动物	在中国,分布于东北、华北、

(a) 查询结果左部

		HID	HName	HAddr	rasing	RDate	KName
1		H0000001	熊猫馆	公园正门北侧	新鲜蔬果100斤	2016-07-11 09:00:00	李莉
2		H0000001	熊猫馆	公园正门北侧	新鲜蔬果100斤	2016-07-11 09:00:00	李莉
3		H0000001	熊猫馆	公园正门北侧	新鲜蔬果100斤	2016-07-11 09:00:00	李莉
4	东北部	H0000002	东北虎园	公园东南部	新鲜猪肉100斤	2016-07-11 09:00:00	黄涛
5	东北部	H0000002	东北虎园	公园东南部	新鲜猪肉100斤	2016-07-11 09:00:00	黄涛
6	仅分布在中国	H0000003	华南虎园	公园南部	新鲜猪肉40斤	2016-07-11 08:49:00	孙吉
7	布于东北、华北、华东、西北及新疆	H0000004	雕园	公园西部	活兔20斤	2016-07-11 09:00:00	兰朵
8	布于东北、华北、华东、西北及新疆	H0000004	雕园	公园西部	活兔20斤	2016-07-11 09:00:00	兰朵

(b) 查询结果右部

图 5.1 【例 5.1】的查询结果截图

5.3 课后题解析

5.3.1 选择题

1. 执行 SQL 语句"SELECT ＊ FROM stuInfo WHERE StuNo LIKE '010[^0]％[A,B,C]％'",可能会查询出的 stuNo 是(   )。

    A. 01053090A   B. 01003090A01   C. 01053090D09   D. 0101A01

答案：A、D

※　知识点说明：查询 stuNo,特点是前三个字符必须是 010,第四个字符必须不是 0,所以淘汰选项 B。之后是任意长度的字符串,此字符串后一定有一个字符,是 A、B、C 三者中的一个,所以淘汰选项 C。最后还是一个任意长度的字符串。选项 A,字符 A 后面是长度为 0 的字符串,选项 D 是通常的选择。

2. 使用以下(   )可以进行模糊查询。

    A. OR   B. NOT BETWEEN

    C. Not IN   D. LIKE

答案：C、D

※　知识点说明：模糊查询语句主要有 LIKE、BETWEEN AND、IN、IS NULL 四种。B 选项没有补全成 NOT BETWEEN AND。而选项 A 中 OR 是 SQL 语言里面的逻辑运算符。

3. 成绩表 Scores(stuNo,cNo,score),以下(   )语句返回成绩表中的最低分。

    A. SELECT MAX(score) FROM scores

B. SELECT TOP 1 score FROM scores ORDER BY score ASC

C. SELECT MIN(score) FROM scores

D. SELECT TOP 1 score FROM scores ORDER BY score DESC

答案：B、C

※　知识点说明：聚合函数 MIN 是求最小值的，所以 C 选项正确。正序排序并取第一条记录，会得到最低分的记录。所以，B 也正确，并且语法也没有错误。

4. 订单表 orders（customerID，orderMoney），orderMoney 代表单次订购额，下面（　　）语句可以查询每个客户的订购次数和每个客户的订购总金额。

    A. SELECT customerID, COUNT（DISTINCT（customerID）），SUM（orderMoney）
       FROM orders GROUP BY customerID

    B. SELECT customerID,COUNT(DISTINCT(customerID)),SUM(orderMoney)
       FROM orders ORDER BY customerID

    C. SELECT customerID, COUNT（customerID），SUM（orderMoney）FROM
       orders ORDER BY customerID

    D. SELECT customerID, COUNT（customerID），SUM（orderMoney）FROM
       orders GROUP BY customerID

答案：D

答案说明：A 用 DISTINCT 后，只能计算出客户的一次订购次数。另外分组无须排序。演示图如图 5.2 所示。

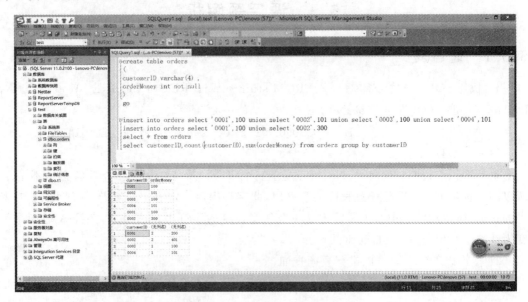

图 5.2　选择题第 4 题的演示

5. 学生信息表 stuInfo（stuNo，stuName，stuSex，stuAge，stuEmail，stuAddres），以下语句（　　）能查出未填写 Email 信息的同学。

    A. SELECT * FROM stuInfo WHERE stuEmail ＝''

    B. SELECT * FROM stuInfo WHERE stuEmail ＝NULL

C. SELECT * FROM stuInfo WHERE stuEmail is NULL

D. SELECT * FROM stuInfo WHERE stuEmail＝' '

答案：C

5.3.2 上机题

1. 在 NetBar 的数据库表 Card 中，为字段 ID 增加约束，要求 ID 字段的格式限制为：

（1）只能是 8 位数字；

（2）前两位是 0；

（3）3～4 位为数字；

（4）第 5 位为下画线；

（5）6～8 位为字母。

答案：① 表 Card 的结构和约束如图 5.3 所示。

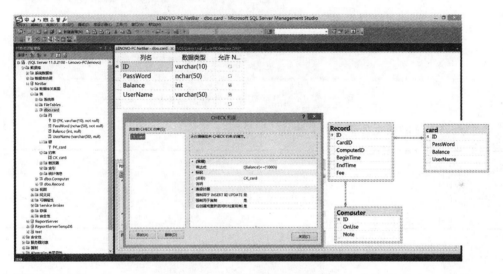

图 5.3　表 Card 的既有结构和约束

② 根据题目要求，Card 表还需要增加两个 CHECK 约束，另外由于 Record 表是 Card 表的从表，Record. CardID 是 Card. ID 的外键，所以代码如下：

```
alter table Card add constraint ID_Card_ck1 check(len(ID) = 8)
go
alter table Card add constraint ID_Card_ck2 check (ID like '00[0-9][0-9]_[A-Z,a-z][A-Z,
a-z][A-Z,a-z]')
go
alter table Record add constraint CardID_Record_ck1 check(len(CardID) = 8)
go
alter table Record add constraint CardID_Record_ck2 check (CardID like '00[0-9][0-9]_[A-Z,
a-z][A-Z,a-z][A-Z,a-z]')
go
```

③ 执行结果如图 5.4 所示。

使用 SQL 语言管理和设计数据库

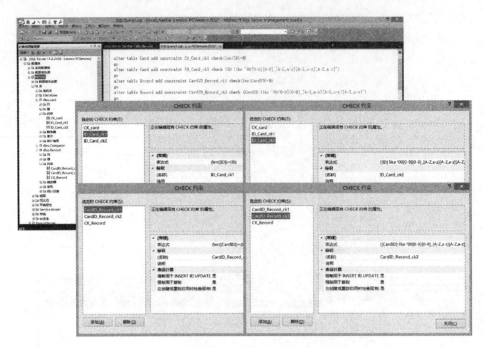

图 5.4　为 Card 表再添加约束的结果图

2. 为 NetBar 的数据库表 Card 增加以下数据行：

ID	PassWord	Balance	UserName
030101	abc	100	均军
030102	abd	200	李开
030104	abe	300	朱军

对数据库执行增加、修改和删除数据的操作，使其数据行改变为如下：

ID	PassWord	Balance	UserName
030101	030101abc	98	均军
030104	abe	44	朱军
030105	ccd	100	何柳
030106	zhang	134	张君

答案：
根据题意要求，给出如下 SQL 语句，即可实现上面两个表中数据的要求：

insert into Card select '030101','abc',100,'均军' union select '030102','abd',200,'李开' union select '030104','abe',300,'朱军'
go
update Card set Balance = 98 where ID = '030101'
delete from Card where ID = '030102'
update Card set Balance = 44 where ID = '030104'
insert into Card select '030105','ccd',100,'何柳' union select '030106','zhang',134,'张君'
go

但是如果继承上机题 1,则 ID 是不符合 CHECK 约束的。可将插入的 ID 值设置为 '0030_aaa' 的形式。结果如图 5.5 所示。

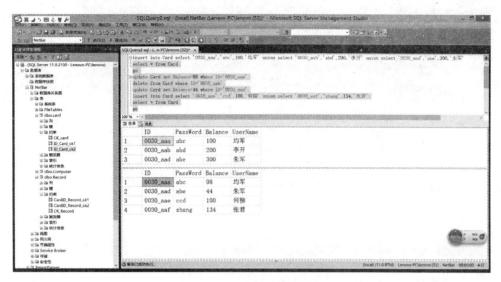

图 5.5　执行上机题 2 的结果图

3. 在前面的 NetBar 数据库中,编写查询语句实现以下的要求:

(1) 由于最近屡次发生卡密码丢失事件,因此机房要求密码与姓名或者卡号不能一样。请编写 SQL 语句,查出密码与姓名或者卡号一样的人的姓名,以方便通知。

(2) 编号为 B02 的机器坏了,请通过查询得到这台机器最近一次上机的卡号。

(3) 为了提高上门率,上个月举行了优惠活动,即周六和周日每小时上机的费用为半价。请统一更新一下数据表中的费用信息。

(4) 编写查询显示本月上机时间最长的前三名用户卡号。

答案:

(1) 语句如下:

```
use NetBar
select * from card where PassWord = ID OR PassWord = UserName
go
```

(2) 语句如下:

```
use NetBar
Update Computer set OnUse = 0 where ID = 'B02'
select top 1 CardID from Record where ComputerID = 'B02' order by BeginTime desc
go
```

测试结果如图 5.6 所示。

(3) 语句如下:

```
update Record set Fee = Fee/2
where DATEPART(MONTH, BeginTime) = DATEPART(MONTH, GETDATE()) - 1
and DATEPART(YEAR, BeginTime) = DATEPART(YEAR, GETDATE())
```

第 5 章

使用 SQL 语言管理和设计数据库

and (DATEPART(WEEKDAY, BeginTime) = 7 or DATEPART(WEEKDAY, BeginTime) = 1)
go

注意：判断日期是星期六：DATEPART(WEEKDAY, BeginTime)＝7，
判断日期是星期日：DATEPART(WEEKDAY, BeginTime)＝1。

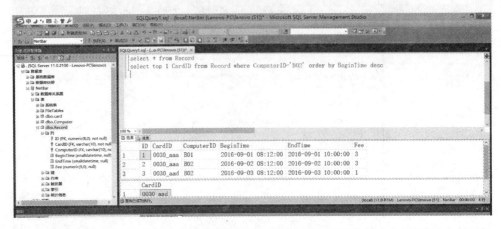

图 5.6　上机题 3 第(2)问题的上机测试结果截图

由于将 Fee 的类型设计成长度为 9，不带小数的数值型，所以，没有对其采取小数计算。
否则半价要写成　Fee＝1.0 * Fee/2。并且认为没有从上个月一直上机到现在还没有下机
的顾客。结果如图 5.7 所示。

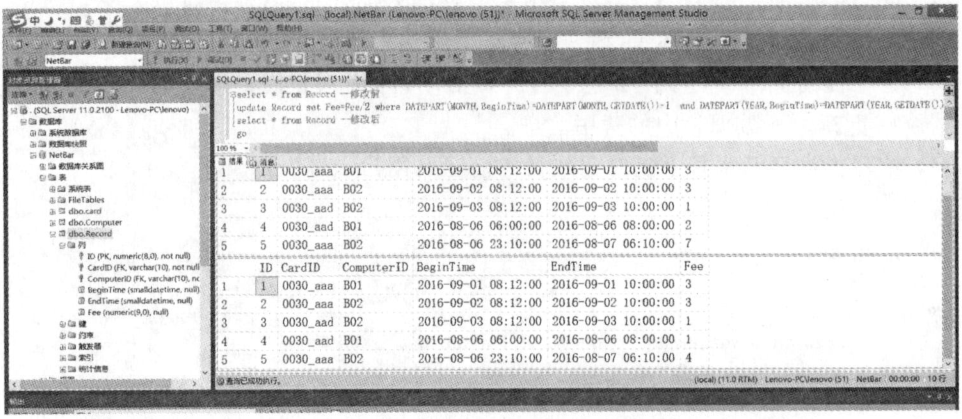

图 5.7　上机题 3 第(3)问题的上机测试结果截图

(4) SQL 语句如下测试结果如图 5.8 所示。由于秒的差值转换成小时要除以 3600，所
以忽略不计。

select top 3 CardID, 上机总时间 = Convert(varchar(50), sum(1.0 * DATEDIFF(MINUTE, BeginTime,
EndTime))/60) + '小时' from ReCord where DATEPART(MonTH, BeginTime) = DATEPART(MONTH, GETDATE())
and DATEPART(Year, BeginTime) = DATEPART(Year, GETDATE()) group by cardID order by sum(1.0 *
DATEDIFF(MINUTE, BeginTime, EndTime)/60)   DESC
go

注意：DATEDIFF(MINUTE, BeginTime, EndTime)可以求出上机所用的分钟数，通

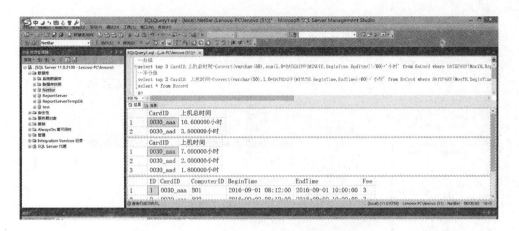

图 5.8　上机题 3 第(4)问题的上机测试结果截图

过计算 $1.0 * DATEDIFF(MINUTE, BeginTime, EndTime)/60$，得到时间差按照小时为单位计算的结果。另外为了能将正在上机的顾客也算进排行榜，可在此条语句执行前，为 EndTime 赋值系统当前时间 getdate()，事后可再更改回去。

测试结果如图 5.7 所示。

4. 在前面的 NetBar 数据库中，一位家长想看看他儿子这个月的上机次数，已知他儿子的卡号为 0023030104，请编写 SQL 语句查询：

(1) 查询 24 小时之内上机的人员姓名列表。

(2) 查询本周的上机人员的姓名、计算机名、总费用，并按姓名进行分组。

(3) 查询卡号第六位和第七位是"BC"的人员的消费情况，并显示其姓名及费用汇总。

答案：

(1) SQL 语句如下，结果如图 5.9 所示。

```
-- 查询 24 小时之内上机的人员姓名列表
select Card. ID, UserName from Card inner join Record   on Card. ID = Record. CardID where 1.0 *
DATEDIFF(minute, EndTime, getdate())/60 <= 24
go
```

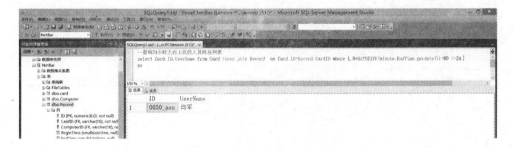

图 5.9　上机题 4 第(1)问题的上机测试结果截图

(2) SQL 语句如下，如图 5.10 所示。

```
-- 查本周的上机人员的姓名、计算机名、总费用，并按姓名进行分组
```

使用 SQL 语言管理和设计数据库

select 姓名 = Card. UserName, 计算机名 = Record. ComputerID, 总费用 = sum(Fee) from Card inner join Record on card. ID = Record. CardID where DateDiff(WEEK, EndTime, GETDATE( )) = 0 group by UserName, Record. ComputerID
go

注意：系统认为本周是从本周至今天。

图 5.10　上机题 4 第(2)问题的上机测试结果截图

(3) SQL 语句如下, 如图 5.11 所示。

-- 查询卡号第六位和第七位是"BC"的人员的消费情况, 并显示其姓名及费用汇总.
select UserName, sum(Fee) from Card inner join Record on Card. ID = Record. CardID where CardID like '＿＿＿＿BC_' group by UserName
go

注意：图 5.11 中, 费用汇总为 NULL 的是还在上机、未下机结账的顾客。

图 5.11　上机题 4 第(3)问题的上机测试结果截图

小结

SQL(结构化查询语言)是数据库能够识别的通用指令集。

SQL Server 中的通配符经常和 LIKE 结合使用来进行不精确的限制。

WHERE 用来限制条件, 其后紧跟条件表达式。

一次插入多行数据, 可以使用 INSERT…SELECT…、SELECT…INTO…或者 UNION

关键字来实现。

使用 UPDATE 更新数据,一般都有限制条件。

使用 DELETE 删除数据时,不能删除被外键值所引用的数据行。

查询将逐行筛选表中的数据,最后符合要求的记录重新组合成"记录集",记录集的结构类似于表结构;判断一行中的数据项是否为空,使用 IS NULL;使用 ORDER BY 进行查询记录集的排序,并且可以按照多个列进行排序;在查询中,可以使用常量、表达式、运算符;在查询中使用函数,能够像在程序中那样处理查询得到的数据项。

使用 LIKE、BETWEEN、IN 关键字,能够进行模糊查询——条件不明确的查询。

聚合函数能够对列生成一个单一的值,对于分析和统计通常非常有用。

分组查询是针对表中不同的组,分类统计和输出,GROUP BY 子句通常会结合聚合函数一起来使用。

HAVING 子句能够在分组的基础上,再次进行筛选。

多个表之间通常使用联结查询。

最常见的联结查询是内联接(INNER JOIN),通常会在相关表之间提取引用列的数据项。

数据库的物理实现一般包括:创建数据库,创建表,添加各种约束,创建数据库的登录账户并授权。创建数据库或表时一般需要预先检测是否存在该对象,数据库从 master 系统数据库的 sys.databases 视图中查询,表从该数据库的系统视图 sys.objects 表中查询。

访问 SQL Server 某个数据库中的某个表,需要三层验证:是否 SQL Server 的登录账户,是否该数据库的用户,是否有足够的权限访问该表。

第6章　T-SQL 程序设计

学习目标

- 了解变量的定义和种类。
- 熟练掌握逻辑控制语句。
- 熟练掌握循环语句。
- 熟练掌握批处理语句。

知识脉络图

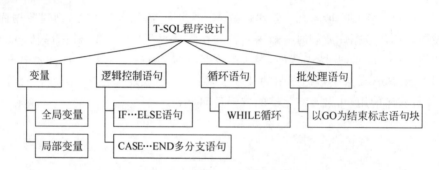

6.1　重点难点解析

1.（重点※）变量

Transact-SQL（简称 T-SQL）语言加入了变量，这使得 T-SQL 程序设计非常灵活。变量是 SQL Server 中由系统或用户定义并可对其赋值的实体，变量分为局部变量（Local Variable）和全局变量（Global Variable）。T-SQL 变量的说明如表 6.1 所示。

2.（重点※）逻辑控制语句

逻辑控制语句的语法说明如表 6.2 所示。

表 6.1　T-SQL 变量一览表

全局变量：全局变量又称系统变量，是由 SQL Server 系统提供并赋值的变量，它是用来记录 SQL Server 服务器活动状态数据的一组变量，通常存储 SQL Server 系统的配置设定值、效能和统计等，用户可在程序中调用全局变量来测试系统的设定值或 T-SQL 命令执行后的状态值。其作用范围并不局限于某一程序，而是任何程序均可随时调用。全局变量都使用两个@标志作为前缀

名 称	含 义	说 明
@@ERROR	最后一个 T-SQL 错误的错误号	注意：全局变量必须以标记@@作为前缀，如@@version。
@@IDENTITY	最后一次插入的标识值	
@@LANGUAGE	当前使用的语言的名称	全局变量由系统定义和维护，用户只能读取，不能修改全局变量的值。
@@MAX_CONNECTIONS	可以创建的同时连接的最大数目	
@@ROWCOUNT	受上一个 SQL 语句影响的行数	例：PRINT ' SQL Server 的版本 ' + @@VERSION
@@SERVERNAME	本地服务器的名称	
@@TRANSCOUNT	当前连接打开的事务数	PRINT ' 服务器的名称：' + @@SERVERNAME
@@VERSION	SQL Server 的版本信息	

局部变量：局部变量是用户自定义的变量。它不像全局变量那样由系统提供，用户可以随时随地直接使用，而必须由用户自己定义，赋初值后才能使用，而且生命周期仅限于用户定义它的那个程序块，出了这个程序块，它的生命就结束了。局部变量必须以标记@作为前缀，例如@age。局部变量的使用也是先声明，再赋值

语 法	说 明
声明局部变量的语法： DECLARE　@变量名　数据类型 局部变量的赋值语法： SET @变量名 = 值 SELECT　@变量名 = 值	注意： (1) 先声明再赋值。 (2) 赋值有两种方式。 ① 使用 set：set 用于普通的赋值。 ② 使用 select：select 用于从表中查询数据并赋值。 (3) 使用 select 语句赋值时，必须保证筛选的记录只有一条，否则取最后一条。所以 T-SQL 语句后面一般接 WHERE 筛选条件。 (4) 变量定义的同时可以初始化。 例如：declare @n int = 5 　　　　DECLARE @name varchar(8) 　　　　SET @name = '张三' 　　　　SELECT @ name = stuName FROM stuInfo WHERE stuNo = 's25302'

表 6.2　逻辑控制语句一览表

名 称	语 法

IF…ELSE
语句
	IF(条件)
	　BEGIN
	　　语句 1
	　　语句 2
	　　…
	　END
	ELSE
	　BEGIN
	　　语句 1;
	　　语句 2;
	　　…
	　END
	注意：ELSE 是可选部分，如果有多条语句，才需要 BEGIN…END 语句块

续表

名　　称	语　　法
CASE…END 多分支语句	CASE 语句与 IF 语句相比较提供了更多的条件选择,判断功能更方便、快捷。CASE 用于多条件分支选择,可完成计算多个条件并为每个条件返回单个值的操作。 T-SQL 中 CASE 语句的语法如下: CASE 　WHEN 条件 1 THEN　结果 1 　WHEN 条件 2 THEN　结果 2 　… 　ELSE 其他结果 END

3. (重点※)循环语句

循环语句的语法说明如表 6.3 所示。

表 6.3　循环语句一览表

名　　称	语　　法

WHILE 语句	WHILE(条件)
	　BEGIN
	　　语句 1
	　　语句 2
	　　…
	　　BREAK
	　END
	注意:BREAK 表示退出循环,如果有多条语句,才需要 BEGIN…END 语句块

4. (重点※)批处理语句

批处理语句的语法说明如表 6.4 所示。

表 6.4　批处理语句一览表

名　　称	语　　法
批处理语句	批处理语句语法如下: 语句 1 语句 2 … GO 注意:GO 是批处理的标志,表示 SQL Server 将这些 T-SQL 语句编译为一个执行单元,提高执行效率。SQL Server 规定,如果是建库、建表语句,以及我们后面即将学习的存储过程和视图等,都必须在语句末尾添加 GO 批处理标志

6.2　典型例题讲解

【例 6.1】　学生数据库 Student,其中有表 stuInfo、courInfo、scores,如图 6.1 所示。

(1) 请给出 Mary 同学的考试信息。

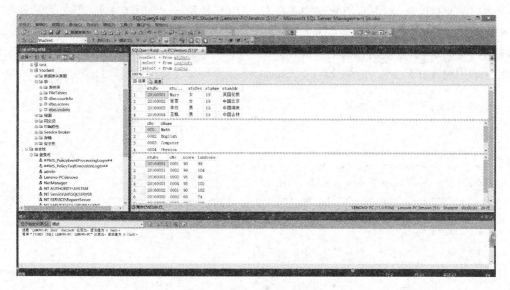

图 6.1　数据库 Student 信息

（2）给理论课成绩 score 集体提分，其中，90～120 不提分，80～89 提 1 分，70～79 提 2分，60～69 提 3 分，59 以下提 4 分。直到全部及格为止。

答案：（1）可以使用三表内连接的方法，结果如图 6.2 所示。T-SQL 语句如下所示。

```
Declare @name varchar(20)
set @name = 'Mary'
select stuInfo. stuNo, stuName, courInfo. cNo, cName, score, labScore from stuInfo inner join
scores on stuInfo. stuNo = scores. stuNo inner join courInfo on scores. cNo = courInfo. cNo where
stuName = @name
GO
```

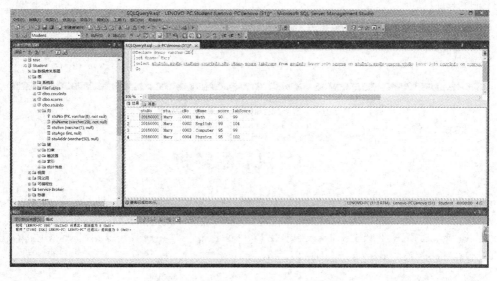

图 6.2　查看 Mary 同学的考试信息

第
6
章

T-SQL 程序设计

（3）有人不及格，至少有两种方法来判断，一个是使用 exists 函数判断是否存在不及格的查询结果集，一个是看最低分是否及格。由于 exists 函数的返回结果为逻辑值，而且这种方法的代码简单，所以我们在这里暂且使用第一种方法。提分操作的 SQL 代码如下所示，测试结果如图 6.3 所示。

```
select * from scores
while(exists(select * from scores where score<60))
begin
  update scores set score = case
  when score>=90 and score<=120 then score
  when score>=80 and score<89 then score+1
  when score>=70 and score<79 then score+2
  when score>=60 and score<69 then score+3
  else score+4
  end
end
GO
select * from scores
```

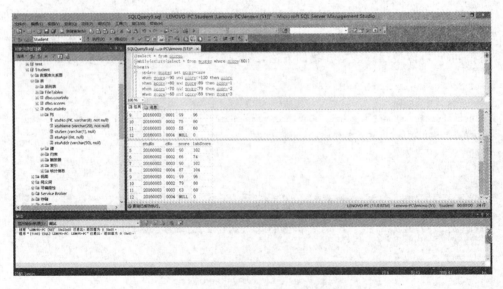

图 6.3　提分题目上机结果测试截图

6.3　课后题解析

6.3.1　选择题

1. 执行 ALTER TABLE userinfo ADD constraint uq_userid unique（userid）语句为表 userinfo 添加约束，则以上语句为 userinfo 表的（　　）字段添加了（　　）约束。

 A. userid 主键　　　　　　　　　　　　B. userid 唯一

 C. uq_userid 外键　　　　　　　　　　　D. uq_userid 检查

答案：B

答案说明：

① 加主键约束：

```
ALTER TABLE stuInfo
ADD CONSTRAINT PK_stuNo PRIMARY KEY (stuNo)
```

② 加唯一约束

```
ALTER TABLE stuInfo
ADD CONSTRAINT UQ_stuID UNIQUE (stuID)
```

③ 加默认约束

```
ALTER TABLE stuInfo
ADD CONSTRAINT DF_stuAddress
DEFAULT ('地址不详') FOR stuAddress
```

④ 加检查约束

```
ALTER TABLE stuInfo
ADD CONSTRAINT CK_stuAge
CHECK(stuAge BETWEEN 15 AND 40)
```

⑤ 加外键约束

```
ALTER TABLE stuMarks
ADD CONSTRAINT FK_stuNo
FOREIGN KEY(stuNo) REFERENCES stuInfo(stuNo)
```

2. 下面 T-SQL 代码运行完的结果是（   ）。

```
DECLARE @counter int = 1
WHILE @counter < 3
 BEGIN
    SET @counter = @counter + 1
    PRINT convert(varchar(4),@counter)
    BREAK
    PRINT 'hello'
END
```

A. 2   B. 2   C. 2   D. 2
   hello   Hello   3
                                   3
                                   hello

答案：B

答案说明：

因为@counter 初值为 1，满足 While 循环条件，进入循环体后，@Counter 增加 1，打印出增值后的@Counter 值为 2。之后执行 Break，退出 While 循环。

6.3.2 上机题

1. 建立一学生数据库来存放学生的相关信息,包括学生的基本信息和考试情况。使用 SQL 语句来实现。

其操作步骤为:建库→建表→添加约束→向表中插入测试数据,并查询测试→添加 SQL 账户→测试权限。

答案:

(1) 建库建表→添加约束。

```
use master
if exists(select * from sysdatabases where name = 'Student')
    drop database Student
create database Student
GO


use Student
if exists(select * from sysobjects where name = 'StuInfo')
drop table stuInfo
create table stuInfo
(
 stuNo varchar(8) check(len(stuNo) = 8) primary key,
 stuName varchar(20) not null,
 stuSex varchar(1) check(stuSex = '男' or stuSex = '女'),
 stuAge int check(stuAge between 8 and 100),
 stuAddr varchar(50) default('中国')
)
GO


if exists(select * from sysobjects where name = 'courInfo')
drop table courInfo
create table courInfo
(
 cNo varchar(4) check(len(cNo) = 4) primary key,
 cName varchar(20) not null
)
GO


if exists(select * from sysobjects where name = 'Scores')
drop table scores
create table scores
(
 stuNo varchar(8) check(len(stuNo) = 8),
 cNo varchar(4) check(len(cNo) = 4),
 primary key(stuNo,cNo),
 score int ,
 labScore int
 foreign key(stuNo) references stuInfo(stuNo),
 foreign key(cNo) references courInfo(cNo)
)
GO
```

（2）向表中插入测试数据，并查询测试。

```
select * from stuInfo
select * from courInfo
select * from scores
GO


alter table stuInfo alter column[stuSex] varchar(2)      -- 修改表结构
GO


insert into stuInfo select '20160001','Mary','女',19,'英国伦敦'
insert into stuInfo select '20160002','张雪','女',19,'中国北京'
insert into stuInfo select '20160003','李双','男',19,'中国湖南'
insert into stuInfo select '20160004','王凯','男',19,'中国吉林'
select * from stuInfo
GO


insert into courInfo select '0001','Math'
insert into courInfo select '0002','English'
insert into courInfo select '0003','Computer'
insert into courInfo select '0004','Physics'
select * from courInfo
GO


insert into scores select '20160001','0001',90,95
insert into scores select '20160001','0002',99,100
insert into scores select '20160001','0003',95,95
insert into scores select '20160001','0004',95,98
insert into scores select '20160002','0001',90,98
insert into scores select '20160002','0002',60,70
insert into scores select '20160002','0003',90,98
insert into scores select '20160002','0004',85,100
insert into scores select '20160003','0001',99,92
insert into scores select '20160003','0002',75,76
insert into scores select '20160003','0003',55,56
select * from scores
GO
```

（3）添加 SQL 账户→测试权限。

```
EXEC sp_addlogin  'zhangsan', '1234'
EXEC sp_addlogin  'admin', 'admin'
Go


EXEC sp_grantdbaccess  'zhangsan', 'zhangsan'
EXEC sp_grantdbaccess  'admin','admin'
Go


GRANT select, insert, update  ON  stuInfo  TO  zhangsan
GRANT select, insert, update  ON  courInfo  TO  zhangsan
GRANT select, insert, update  ON  scores  TO  zhangsan
```

```
GRANT select, insert, update,delete ON  stuInfo  TO  admin
GRANT select, insert, update,delete  ON  courInfo  TO  admin
GRANT select, insert, update,delete  ON  scores  TO  admin

GRANT create table TO   admin
GO
```

测试结果如图 6.4 所示。

(a) 使用admin登录

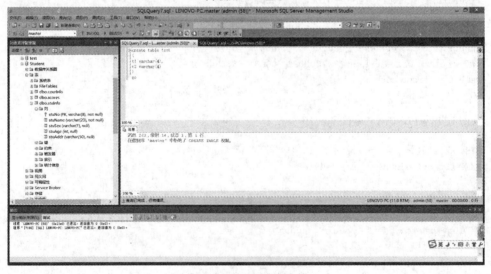

(b) 在未授权数据库中建表

图 6.4　测试数据库用户权限

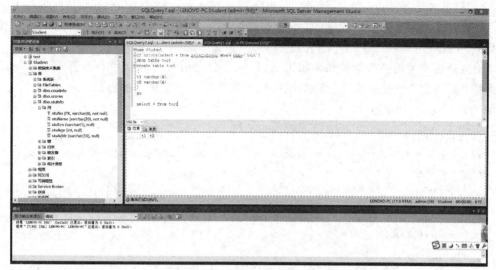

(c) 在授权的Student数据库中建表并查看表数据

图 6.4 （续）

2. 在成绩表中,统计并显示机试成绩,鉴于试题偏难,假定要提分,确保每人机试都通过。提分规则很简单,先每人都加 2 分,查看是否都通过,如果没有全部通过,每人再加 2 分,再计算。加分后,按美国的 A、B、C、D、E 五级打分制来显示成绩。用 SQL 语句实现。

答案:

```
select 机试成绩 = labScore from scores
if exists(select * from scores where labScore < 60)
print '有人不及格,需要提分'
declare @min int
select @min = min(labScore) from scores
while(@min < 60)
begin
update scores set labScore = labScore + 2
select @min = min(labScore) from scores
if(@min >= 60) break
end
GO
select stuNo, cNo, score, labScore = case
when labScore >= 90   then 'A'
when labScore >= 80 and labScore < 90 then 'B'
when labScore >= 70 and labScore < 80 then 'C'
when labScore >= 60 and labScore < 70 then 'D'
else 'E'
end
from scores
GO
```

3. 在学生系统中,使用子查询统计缺考学生的名单,并显示加分科目的笔试和机试加分多少(考虑的是缺考学生的信息和缺考的科目未录入 scores 表的情况)。

T-SQL 程序设计

答案：

分析：统计缺考学生的名单，意味着要有缺考学生的考号、名字等。而考试信息在表scores 中，所以，必然是从两个表中联合查询。

学生是否缺考的判断条件很多很灵活，我们主要是通过查看学生是否有单科个别缺考或者整个科目弃考的情况发生。最好的办法是采取左外连接查询的办法。

SQL 语句如下所示：

```
-- 考试整体情况
select 学号 = stuInfo. stuNo, cno, score   from stuInfo   left join scores on stuInfo. stuNo = scores. stuNo
-- 缺考情况
select 缺考学号 = stuInfo. stuNo, cno, 本科考试次数 = count(score) + count(labScore) from stuInfo   left join scores on stuInfo. stuNo = scores. stuNo where score is null or labscore is null group by stuInfo. stuNo, cNo
-- 缺考学生名单
select 缺考生姓名 = stuName, 缺考生学号 = stuNo from stuInfo where stuNo in(select 缺考学号 = stuInfo. stuNo   from stuInfo   left join scores on stuInfo. stuNo = scores. stuNo where score is null or labscore is null )
GO
```

上机测试结果截图如图 6.5 所示。

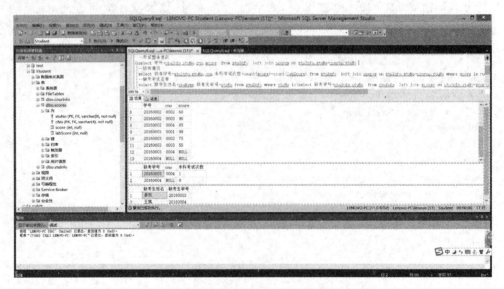

图 6.5 上机题第 3 题的上机测试结果截图

小结

在 T-SQL 中，每个局部变量、全局变量、表达式和参数都有一个相关的数据类型。

局部变量是用户可自定义的变量，它的作用范围仅在程序内部。

全局变量是 SQL Server 系统内部使用的由 SQL Server 系统提供并赋值的变量，用来记录 SQL Server 服务器活动状态数据的一组变量，其作用范围并不局限于某一程序。

T-SQL 程序使用条件控制语句来控制程序的走向，提高程序的执行效果。

IF…ELSE 语句和 CASE 语句通过条件的选择判断来决定程序的执行，根据不同的实际情况选择使用 IF…ELSE 语句或 CASE…END 语句来完成 T-SQL 的程序目的,提高程序的运行效率。

循环语句 WHILE 可以根据条件循环执行语句块,直到条件不满足为止。

在 T-SQL 语言中,是用 BEGIN END 来把多条语句写在一个语句复合体中的。

以 GO 为结束标志的一串 SQL 语句称为批处理,是最基本的算法块,但还不是数据库的物理对象,无法持久保持。

第7章 高级查询

学习目标

- 了解子查询的定义。
- 掌握 IN 子查询的方法。
- 掌握 EXISTS 子查询。
- 熟练掌握 T-SQL 语句的综合应用。

知识脉络图

7.1 重点难点解析

(重点难点※)高级查询的语法说明如表 7.1 所示。

表 7.1 子查询一览表

名　称	语　法	说　明
子查询(又名高级查询)	是一种在条件中利用查询结果作为逻辑判断依据的查询方式,外面的查询称为父查询,括号中嵌入的查询称为子查询。可以与 UPDATE、INSERT、DELETE 一起使用,语法类似于 SELECT 语句,将子查询和比较运算符联合使用,必须保证子查询返回的值不能多于一个。语法格式如下所示: SELECT … FROM 表 1 WHERE 字段 1 >(子查询)	例: SELECT * FROM stuInfo WHERE stuAge > (SELECT stuAge FROM stuInfo where stuName = '刘新') 注意: (1) 除了">"号外,还可以使用其他运算符,习惯上,外面的查询称为父查询,括号中嵌入的查询称为子查询。 (2) SQL Server 执行时,先执行子查询部分,求出子查询部分的值,然后再执行整个父查询。它的执行效率比采用 SQL 变量实现的方案要高,所以推荐采用子查询。

名　　称	语　　法	说　　明
		（3）因为子查询作为 WHERE 条件的一部分，所以还可以和 UPDATE、INSERT、DELETE 一起使用，语法类似于 SELECT 语句。 例： SELECT stuName FROM stuInfo WHERE stuNo =（SELECT stuNo FROM scores WHERE score = 60）－－－－子查询此时必须是只有一条 －－ 返回值 注意： （1）一般来说，表连接都可以用子查询替换，但反过来说就不一定。有的子查询却不能用表连接替换。 （2）子查询比较灵活、方便、形式多样，常作为增、删、改、查的筛选条件，适合于操纵一个表的数据。 （3）表连接更适合于查看多表的数据，一般用于 SELECT 查询语句
IN 子查询	如果查询结果集是一个集合时，用户可以使用一个元素与一个集合的关系进行判断，即字段值是否属于查询集合。IN 子查询就是完成这种任务的语句	例： SELECT stuName FROM stuInfo WHERE stuNo IN（SELECT stuNo FROM scores WHERE score = 60） 注意： 常用 IN 替换等于（＝）的比较子查询
NOT IN 子查询	NOT IN 子查询	SELECT stuName FROM stuInfo WHERE stuNo NOT IN（SELECT stuNo FROM scores）
EXISTS 子查询	有的时候，我们并不关心有几条记录满足查询条件，而是更关心是否存在这样的记录。这个时候使用 EXISTS 子查询是最合适不过。 EXISTS 子查询的语法： IF EXISTS（子查询） 　　语句 如果子查询的结果非空，即记录条数为一条以上，则 EXISTS（子查询）将返回真（true），否则返回假（false）。 EXISTS 也可以作为 WHERE 语句的子查询，但一般都能用 IN 子查询替换	例如：数据库的存在检测。 USE Master IF EXISTS（SELECT ＊ FROM Sys.Databases WHERE name = 'stuDB'） 　DROP DATABASE stuDB
NOT EXISTS 子查询	NOT EXISTS 子查询	与 EXISTS（子查询）逻辑相反

131

7.2　典型例题讲解

【例 7.1】　在 Student 数据库中,有 StuInfo(stuNo,stuName)、courInfo(cNo,cName) 和 scores(stuNo,cNo,score)表。

(1) 请查询出所有考试及格的学生的基础信息;

(2) 请查询出所有考试正好及格的学生的基础信息;

(3) 请查询出所有考试不及格的学生的基础信息;

(4) 查询是否有缺考的学生,若有请给出这些学生的基本信息(假设学生信息和考试科目信息都已经录入到 scores 表中)。

答案:

```
print'所有考试及格的学生的基础信息'
select * from stuInfo where stuNo in(select stuNo from scores where score>=60)
print'请查询出所有考试正好及格的学生的基础信息'
select * from stuInfo where stuNo in(select stuNo from scores where score=60)
print '请查询出所有考试不及格的学生的基础信息'
select * from stuInfo where stuNo in(select stuNo from scores where score<60)
if exists(select score from scores where score is null)
print '有缺考同学,他们是'
select * from stuInfo where stuNo in (select stuNo from scores where score is null)
GO
```

7.3　课后题解析

7.3.1　选择题

1. 以下关于子查询的描述正确的是( )。

　　A. 一般来说,表连接都可以用子查询替换

　　B. 一般来说,子查询都可以用表连接替换

　　C. 相对于表连接,子查询适合于作为查询的筛选条件

　　D. 相对于表连接,子查询适合于查看多表的数据

答案:A、C

答案说明:

(1) 一般来说,表连接都可以用子查询替换,但反过来说就不一定,有的子查询却不能用表连接替换。

(2) 子查询比较灵活、方便、形式多样,常作为增、删、改、查的筛选条件,适合于操纵一个表的数据。

(3) 表连接更适合于查看多表的数据,一般用于 SELECT 查询语句。

2. 有分数表 scores(stuNo,cNo,score)和学生信息表 stuInfo(stuNo,stuName)。已知并非所有学生都参加了考试,现在查询所有及格学生的学生姓名,下面语句正确的是( )。

A. SELECT stuName FROM stuInfo WHERE stuNo IN（SELECT stuNo FROM scores WHERE score＞60）

B. SELECT stuName FROM stuInfo WHERE stuNo ＝（SELECT stuNo FROM scores WHERE score＞60）

C. SELECT stuName FROM stuInfo WHERE stuNo NOT IN（SELECT stuNo FROM scores WHERE score＜＝60）

D. SELECT stuName FROM stuInfo WHERE EXISTS（SELECT stuNo FROM scores WHERE score＞60）

答案：A、C

答案说明：

选项 B 使用"＝"不符合题情，这样适合只有一个同学及格的情况。选项 D,条件过于宽泛,只要存在及格的同学,就查询基础信息表中的姓名字段,只要有一名同学及格,就会得到所有同学的姓名。

3. 现有一个学生信息表 stuInfo(stuNo,stuName),其中 stuNo 是主键。又有分数表 scores(stuNo,stuName,score)。已知 stuInfo 表中共有 50 个学生,有 45 人参加了考试(分数存在 scores 表中),其中 10 人不及格。执行以下 SQL 语句:

SELECT ＊ FROM stuInfo WHERE EXISTS（SELECT stuNo FROM scores WHERE score＜60）,可返回（   ）条记录。

A. 50　　　　　　B. 45　　　　　　C. 10　　　　　　D. 0

答案：A

答案说明：

因为有 10 名同学不及格,所以 EXISTS(SELECT stuNo FROM scores WHERE score＜60)为真,所以所有同学信息都会显示出来。

7.3.2　程序设计题

有学生信息表 stuInfo(stuNo,stuName)、课程表 cource(cNo,cName)、学生成绩表 scores(stuNo,cNo,score)(成绩表中只录入了参加考试的学生信息),编写 SQL 代码实现以下功能:

(1) 打印所有考试人员和实际参加考试人员。

(2) 打印考试排名表,按照总分降序排列。

(3) 打印所有缺考信息,包括缺考人员。

答案：

(1) print '所有考试人员'
　　 Select ＊ from stuInfo
　　 Print '实际参加考试人员'
　　 Select ＊ from stuInfo where stuNo in(select stuNo from scores)

SQL 语句如上所示,结果如图 7.1 所示。

(2) print '考试排名表,按照总分降序排列'
　　 select stuInfo.stuNo ,stuInfo.stuName,总分 = sum(scores.score) from stuInfo left join scores on stuInfo.stuNo = scores.stuNo group by stuInfo.stuNo,stuInfo.stuName order by sum(scores.score) DESC
　　　　GO

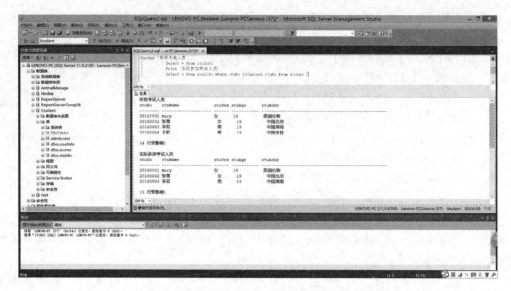

图 7.1　程序设计题第(1)问题的代码测试结果截图

SQL 语句如上所示,结果如图 7.2 所示。

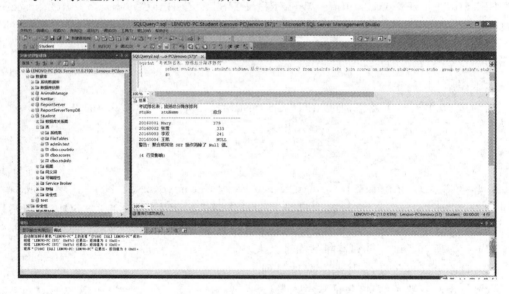

图 7.2　程序设计题第(2)问题的代码测试结果截图

(3) print '所有缺考信息,包括缺考人员'
  select stuInfo. stuNo, stuinfo. stuName, cNo, score from stuInfo left join scores on stuInfo.
  stuNo = scores. stuNo   where score is null
   GO

SQL 语句如上所示,测试结果如图 7.3 所示。

注意:此题目多次使用了左外连接,说明了外连接和笛卡儿积运算的强大。当然,第
(2)问题中,排序 group by 不允许放在子查询中,导致没有使用语句:

Select stuNo, stuName from stuInfo where stuNo in (select stuNo from scores group by stuNo order

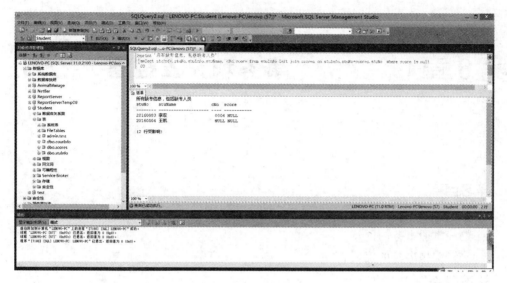

图 7.3　程序设计题第(3)问题的测试结果截图

by sum(score) DESC)

另外,查找全部缺考的同学,也可以用如下语句:

Select * from stuInfo where stuNo not in(select stuNo from scores)

但是如果要查找出参加了大部分科目的考试,而个别科目缺考的学生却还要寻找新的方法,并且两种查询的结果还无法统一在一起显示。

小结

子查询是将查询语句放置在 SQL 语句的条件位置上的语句编写方式,查询结果是条件判断的依据。

比较运算子查询、IN 子查询、EXISTS 子查询是最常用的几种子查询方式。

第8章　事务和并发控制

学习目标

- 了解事务的定义和属性。
- 熟练掌握事务的创建。
- 熟练掌握事务的使用。

知识脉络图

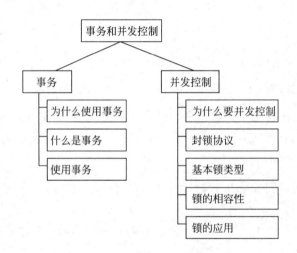

8.1　重点难点解析

1.（重点难点※）事务

事务的概念解释如表 8.1 所示。

表 8.1　事务重要概念一览表

名　称	解　释
事务的重要性	事务是数据库应用程序的基本逻辑单元,由一系列的操作组成,是用来保证数据安全的高级有效的手段。是否具有事务技术能力是衡量一个数据库软件优劣的重要标准
为什么使用事务	在执行一个批处理语句块时,遇到那些不满足各种约束条件的 SQL 语句、本身语法有错误的 SQL 语句、甚至是由于物理原因引起的个别 SQL 语句无法执行,系统一般会给出这些错误具体的信息,然后继续去顺次执行这个批处理语句块中剩下的其他 SQL 语句,直至遇到批处理语句块结束标志 GO 为止。没有充分实现的 SQL 算法块会违背初衷,造成错误甚至无法挽回的损失。所以需要使用事务这样强硬的保护措施,来保证 SQL 算法块的完全执行,或者取消曾经执行的 SQL 语句

名　　称	解　　释
事务	事务(Transaction)是作为单个逻辑工作单元执行的一系列操作,这些操作作为一个整体一起向系统提交,要么都执行、要么都不执行。事务是一个不可分割的工作逻辑单元
事务的性质	(1) 原子性(Atomicity):事务是一个完整的操作。事务的各步操作是不可分的(原子的),要么都执行,要么都不执行。 (2) 一致性(Consistency):当事务完成时,数据必须处于一致状态。 (3) 隔离性(Isolation):对数据进行修改的所有并发事务是彼此隔离的,这表明事务必须是独立的,它不应以任何方式依赖于或影响其他事务。 (4) 永久性(Durability):事务完成后,它对数据库的修改被永久保持,事务日志能够保持事务的永久性
事务语法	开始事务:BEGIN TRANSACTION。 提交事务:COMMIT TRANSACTION(所有 SQL 语句都成功执行后)。 回滚(撤销)事务:ROLLBACK TRANSACTION(一旦发生错误即回滚)
事务分类	(1) 显示事务:用 BEGIN TRANSACTION 明确指定事务的开始,这是最常用的事务类型。 (2) 隐性事务:通过设置 SET IMPLICIT_TRANSACTIONS ON 语句,将隐性事务模式设置为打开,则下一个语句自动启动一个新事务。当该事务完成时,再下一个 T-SQL 语句又将启动一个新事务。 (3) 自动提交事务:这是 SQL Server 的默认模式,它将每条单独的 T-SQL 语句视为一个事务,如果成功执行,则自动提交;如果错误,则自动回滚

2. (重点难点※)并发控制

并发控制的概念解释如表 8.2 所示。

表 8.2　并发控制概念一览表

名　　称	解　　释
并发控制的重要性	当多个事务同时执行时,必须使用并发控制技术来实现数据的安全保护。 并发控制机制是衡量一个数据库系统性能的重要标志之一,数据库系统利用并发控制机制来协调并发操作以保证事务的隔离性和数据的一致性。SQL Server 数据库以事务为单位,通常使用锁来实现并发控制
为什么使用并发控制	同时运行多个事务并行存取数据,由于互相间的干扰,最终可能会产生错误的结果。 (1) 丢失更新 当两个事务 Tran1 和 Tran2 同时更新某条记录时,它们读入记录并修改,出现事务 Tran2 提交的结果破坏了事务 Tran1 提交的结果的情况,导致 Tran1 的修改结果丢失,因此出现"丢失更新"的问题。 (2) "脏"数据 "脏"数据是指事务 Tran1 修改某一条记录,并将其写入数据库,事务 Tran2 读取同一条记录后,事务 Tran1 由于某种原因被回滚取消,此时被事务 Tran1 修改过的数据恢复原值,事务 Tran2 读到的数据就与数据库中的数据不一致,该数据为"脏"数据。 (3) 不可重复读取 "不可重复读取"亦称作"不一致的分析",是指事务 Tran1 读取数据后,事务 Tran2 对同一数据执行更新操作,使得 Tran1 再次读取该数据时,得到与之前不同的值。 (4) 幻影数据 事务 Tran1 按一定条件从数据库等集合中读取数据后,事务 Tran2 再对该数据集删除或插入了一些记录,此时事务 Tran1 再按相同条件读取数据时,发现少了或者多了一些记录。 所以,在并发操作中,需要使用某种并发控制机制,以保证多用户程序情况时数据的一致性、完整性

名　称	解　释
封锁协议	并发控制机制最常采用的是"锁"。"锁"是指事务在对某个数据库中的资源存取前,先向系统发出请求,要求封锁该资源。事务获得锁后,也就获得对该数据的控制权,在事务释放此锁之前,其他的事务不允许更新此数据。当事务结束或撤销以后,再释放被锁定的资源。为操作的数据加什么类型的锁,何时释放锁,这些内容构成了不同的封锁协议。 (1) 一级封锁协议 任何尝试更新记录 Record 的事务都必须对该 Record 加独占排他锁,并保持锁到事务结束,否则该事务进入等待队列,状态转换为等待,直到获得锁为止。这样就可以防止"丢失更新"和由于某些原因导致事务撤销造成的读"脏"数据的情况。 (2) 二级封锁协议 任何试图读取记录 Record 的事务都必须对该 Record 加共享锁,读完后随即释放锁。当事务进一步进行更新 Record 操作时,将共享锁升级为独占排他锁,并一直保持到事务结束。这样就提高了事务的并行度,解决了"丢失更新"和读"脏"数据的问题。 (3) 三级封锁协议 任何尝试读取记录 Record 的事务都必须对 Record 加共享锁,直到该事务结束才释放。这样既可以防止丢失更新和读"脏"数据,还进一步防止了不可重复读取的问题,但同时也因为锁时间较长而易引发更多的死锁
基本锁类型	基本锁包含两种类型:排他锁和共享锁。 (1) 排他锁 排他锁又称为"写锁"。如果事务 Tran 对数据对象 Record 加上排他锁 WriteLock,则只允许该 Tran 事物读取和修改 Record,其他的任何事务都不能再对该 Record 加任何类型的锁,直到 Tran 释放该 Record 上的排他锁 WriteLock。这就保证了在 Tran 释放对该 Record 的封锁之前,其他事务不能同时读取和修改此 Record。 使用加排他锁的方法还可以避免读取"脏"数据,也可以避免"丢失更新"。 (2) 共享锁 共享锁又称为"读锁"。如果事务 Tran 对数据对象 Record 加读锁 ReadLock,则其他事务也可以对该 Record 加读锁 ReadLock,但不能同时对该 Record 加排他锁 WriteLock,直到该 Record 上的所有读锁释放为止。所以共享锁能够阻止对已加锁的数据进行更新操作

锁的相容性	事务2 ＼ 事务1	排他锁	共享锁	无锁
	排他锁	冲突,拒绝	冲突,拒绝	可以
	共享锁	冲突,拒绝	可以	可以
	无锁	可以	可以	可以

锁的应用	应用锁可以采取两种方式。一种是使用表级锁,防止并发事务在存取同一数据时相互干扰,从而影响数据的一致性。另一种是采取设置事务隔离级为访问数据的操作指定默认的加锁方式

名 称	解 释
表级锁	表级锁是在使用 SELECT、INSERT、UPDATE 和 DELETE 语句时,直接在句中指定表级锁类型。一般来说,读操作需要共享锁,写操作需要排他锁。表级锁可以满足对资源更精细控制时的锁定需要 (1) 设置共享锁 通常读操作时采用共享锁。共享锁一直存在,直到满足查询条件的所有记录已经返回给客户端为止。使用关键字"HOLDLOCK"锁定提示设置共享锁。 (2) 设置排他锁 在使用 INSERT、UPDATE 和 DELETE 语句修改数据时使用排他锁。在并发事务中,只有一个事务能够获得资源的排他锁,其余事务只能等待其释放排他锁以后再使用排他锁或者共享锁。使用关键字 TABLOCK 锁定提示设置排他锁。 (3) 设置专用锁

锁定提示	描 述
NOLOCK	不要提供共享锁,并且也不要提供排他锁。当选此选项时,可能会发生读取未提取的事务或者一组在读取中回滚的页面,有可能发生脏读,仅应用于 SELECT 语句
READPAST	跳过锁定行。当选此选项时,会导致事务跳过由其他事务锁定的行(但这些行平时会显示在结果集内),而不是阻塞该事务,同时等待其他事务释放在这些行上的锁。仅适用于运行正在提交读隔离级别的事务,只在行级锁之后读取。仅适用于 SELECT 语句
TABLOCK	大容量更新锁。该锁允许进程将数据并发地大容量复制到同一张表,并同时防止其他不进行大容量复制数据的事务访问该表
PAGLOCK	页级锁
ROWLOCK	行级锁,比页级锁和表级锁粒度纤小
UPDLOCK	读取表时使用更新锁,而非共享锁,并将更新锁一直保留到语句或事务的结束。优点是允许读取数据(同时不阻塞其他事务)并在之后更新数据,同时确保自上次读取数据后数据没有更改
XLOCK	使用排他锁并一直保持到事务结束时,适用于在 SQL 语句上使用,可以使用 PAGLOCK 或 TABLOCK 指定该锁

名 称	解 释
设置事务隔离级	设置事务隔离级也可以保证一个事务的执行不受其他事务的干扰。但设置事务隔离级别会对会话中的所有 SQL 语句加上默认的锁。SQL Server 支持 SQL-92 标准中定义的事务隔离级别。设置事务隔离级别可能会使程序员承担某些完整性问题所带来的风险,但却能换取更高的并发访问的能力。每个隔离级别都提供了比表级锁更高的隔离性,但也是通过在更长的时间内使用更多限制锁换来的。事务隔离级别的高低和事务的并发性能力成反比

描 述	说 明
READ UNCOMMITTED	不发出共享锁和排他锁。当使用该选项时,既允许在事务结束前更改数据内的数值,行也可以出现在数据中或从数据集消失。这是 4 个隔离级别中限制最小的级别
READ COMMITTED	是 SQL Server 默认的事务隔离级。指定在读取数据时使用共享锁,但不要求一个事务读取一条记录的间隙,其他的事务不能对该记录进行更新
REPEATABLE READ	严格的查询锁。锁定查询中使用的所有数据以避免其他用户更新这些数据,并要求一个事务读取同一条记录的间隙,其他的事务不能对该记录进行更新
SERIALIZABLE	数据集(表)上的共享锁,直到该事务完成,才允许其他事务更新数据集或将记录插入到数据集。这是 4 个隔离级别中限制最高的级别,此并发级别较低,只在必要时才使用该选项

8.2 典型例题讲解

【例 8.1】 很多操作都可以整合成为一个事务,例如要求将下列操作整合在一个事务里:

(1) 在"D:\TestDB"中存放创建的数据库 TestDB,数据文件初始大小 6MB,自动增长方式为 10%,日志文件初始大小 5MB,自动增长方式为 5MB。

(2) 在 TestDB 数据库中创建表 TestT1(td1(int,从 1 自动增长 1),td2(varchar(2)), TestT2(ttd1(int,从 1 自动增长 1),ttd2(varchar(2))。

(3) 在 TestT2 中加入约束,字段 td2 长度为 2。

(4) 在 TestT1 中插入测试数据:(1,'王'),(2,'周')。

(5) 将表 TestT1 中的数据转移至表 TestT2 中。

(6) 删掉表 TestT1。

答:正确的 SQL 代码如下所示,测试结果如图 8.1 所示。

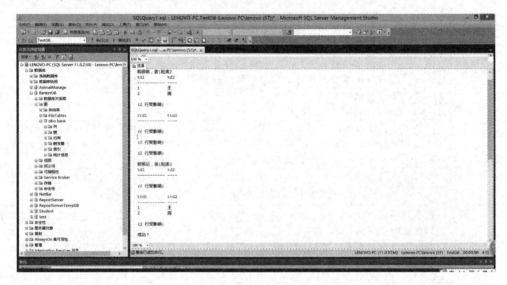

图 8.1 典型例题【例 8.1】测试结果截图

```
use master
if exists(select * from sysdatabases where name = 'TestDB')
    drop database TestDB
create database TestDB
on
(
  name = 'TestDB_data',
  filename = 'D:\TestDB\TestDB_data.mdf',
  size = 6MB,
  filegrowth = 10 %
)
log on
```

```
(
    name = 'TestDB_log',
    filename = 'D:\TestDB\TestDB_log.ldf',
    size = 5MB,
    filegrowth = 5MB
)
go

begin tran
declare @sum int
set @sum = 0
use TestDB
set @sum = @sum + @@ERROR

create table TestT1
(
  td1 int identity(1,1),
  td2 varchar(2)
)
set @sum = @sum + @@ERROR
create table TestT2
(
  ttd1 int identity(1,1),
  ttd2 varchar(2)
)
set @sum = @sum + @@ERROR
alter table TestT2 add constraint ck_TestT2_ck check(len(ttd2) = 1)
set @sum = @sum + @@ERROR
insert into TestT1(td2)   select '王' union select '周'
set @sum = @sum + @@ERROR
print'转移前,表 1 和表 2'
set @sum = @sum + @@ERROR
select * from TestT1
set @sum = @sum + @@ERROR
select * from TestT2
set @sum = @sum + @@ERROR
insert into TestT2(ttd2) select td2 from TestT1
set @sum = @sum + @@ERROR
delete from TestT1
set @sum = @sum + @@ERROR
print'转移后,表 1 和表 2'
set @sum = @sum + @@ERROR
select * from TestT1
set @sum = @sum + @@ERROR
select * from TestT2
```

事务和并发控制

```
set @sum = @sum + @@ERROR
if (@sum <> 0)
begin
    print '有错误!,回滚!'
    rollback tran
end
else
begin
    print '成功!'
    commit tran
end
GO
```

注意：由于创建数据库的语句段不允许放在事务语句块中，所以应当单独写在一个批处理中。

8.3 课后题解析

8.3.1 选择题

1. 假设 order 表中存在 orderNo 等于 1 的记录，执行下面的 T-SQL 语句：

```
BEGIN TRANSACTION
DELETE FROM Order WHERE orderNo = 1
IF (@@Error <> 0)
ROLLBACK TRANSACTION
ROLLBACK TRANSACTION
```

以下说法正确的是(   )。

  A. 执行成功，orderNo 为 1 的记录被永久删除

  B. 执行成功，order 表没有任何变化

  C. 执行时出现错误

  D. 执行成功，但事务处理并没有结束

答案：B

答案说明：由于没有错误，所以系统变量 @@Error = 0，第一个"ROLLBACK TRANSACTION"没有执行。但之后的第二个"ROLLBACK TRANSACTION"会无条件执行，所以 SQL 语句"DELETE FROM Order WHERE orderNo=1"无条件回滚，表 order 没有任何变化。

2. 以下(   )属于事务处理元素。

  A. @@Error   B. BEGIN TRAN

  C. COMMIT TRAN   D. ROLLBACK TRAN

答案：A、B、C、D

答案说明：@@Error 是判断事务是否成功提交和回滚的重要因素。之后三个选项分别是事务开始、提交和回滚的语句。

3. 事务的性质是（　　　）。

　A. 原子性（Atomicity）：事务是一个完整的操作，事务的各步操作是不可分的（原子的），要么都执行，要么都不执行。

　B. 一致性（Consistency）：当事务完成时，数据必须处于一致状态。

　C. 隔离性（Isolation）：对数据进行修改的所有并发事务是彼此隔离的，这表明事务必须是独立的，它不应以任何方式依赖于或影响其他事务。

　D. 永久性（Durability）：事务完成后，它对数据库的修改被永久保持，事务日志能够保持事务的永久性。

答案：A、B、C、D

8.3.2　程序设计题

请编写一个批处理算法，实现从账户 A 转账一定金额到账户 B。已有信息如下：

```
CREATE TABLE bank
(
    customerNo CHAR(8),          -- 顾客账号,主键
    customerName CHAR(10),       -- 顾客姓名
    currentMoney MONEY           -- 当前余额
)
GO

ALTER TABLE bank
    ADD CONSTRAINT CK_currentMoney   CHECK(currentMoney > 0)
GO

INSERT INTO bank(customerNo ,customerName,currentMoney)
VALUES('9781002012010101','A',5000)
INSERT INTO bank(customerNo ,customerName,currentMoney)
VALUES('97810020120101 02','B',2000)
```

答案：

首先要注意的是，customerNo 字段的字长不够实际插入的记录的实际长度。因此，或者修改插入字段的长度，或者重新设置表，SQL 代码如下：

```
drop table bank
go
CREATE TABLE bank
(
    customerNo CHAR(16),         -- 顾客账号,主键
    customerName CHAR(10),       -- 顾客姓名
    currentMoney MONEY           -- 当前余额
)
GO

ALTER TABLE bank     ADD CONSTRAINT CK_currentMoney   CHECK(currentMoney > 0)
GO
```

```
INSERT INTO bank(customerNo ,customerName,currentMoney) VALUES('9781002012010101','A',5000)
INSERT INTO bank(customerNo ,customerName,currentMoney) VALUES('9781002012010102','B',2000)
select * from bank
```

设置结果如图 8.2 所示。

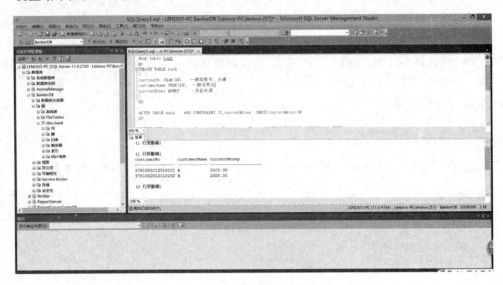

图 8.2　重新设置表截图

转账代码段如下所示,测试结果如图 8.3 所示。

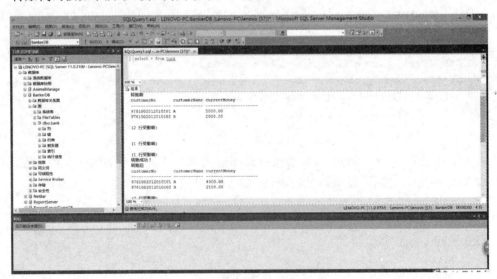

图 8.3　转账测试结果截图

```
print '转账前'
select * from bank
---- 从账户 A 转账到账户 B
Begin tran
declare @sum int
set @sum = 0
```

```
update bank set currentMoney = currentMoney - 100 where customerNo = '9781002012010101'
set @sum = @sum + @@ERROR
update bank set currentMoney = currentMoney + 100 where customerNo = '9781002012010102'
set @sum = @sum + @@ERROR
if(@sum <> 0)
begin
   print'有错误!,回滚!'
   rollback tran
end
else
begin
   print'转账成功!'
   commit tran
end
GO
print '转账后'
select * from bank
```

小结

事务具有四大特性：原子性、一致性、隔离性、永久性。

显示事务的定义语法：BEGIN TRAN、COMMIT TRAN、ROLLBACK TRAN。

事务的提交和回滚是有条件的，@@error 的使用是重点。

事务的并发控制主要使用锁实现。

并发异常主要有丢失更新、"脏"数据、"不可重复读取"、幻影数据。

封锁协议分为三级。一级封锁协议是为更新数据的事务加独占排他锁，直到事务结束；二级封锁协议是为读取数据的事务加共享锁，在读完后释放锁。三级封锁协议是为读取数据的事务加共享锁，直到事务结束才释放。

基本锁主要有共享锁和排他锁。

锁的应用分为使用表级锁和设置事务隔离级。

事务和并发控制

第9章　　索　引

学习目标

- 了解索引的概念。
- 了解索引的类型。
- 熟练掌握索引的使用。

知识脉络图

9.1　重点难点解析

1.（难点※）索引简介

索引各概念的解释如表9.1所示。

表 9.1　索引基础概念表

名　　称	解　　释
引用索引的原因	当数据表中的记录超过一万条的时候,就该为表建立索引,以达到快速查询的目的了
索引的基本原理	与汉语字典中汉字按页存放,前面还有汉字拼音目录、偏旁部首目录一样,SQL Server中的数据记录也是按页存放,每页容量一般为 4K,并允许在表中创建索引,指定按某一列或几列预先排序,从而大大提高查询速度
索引概念	索引是对数据库中表的一个或多个列的值进行排序的结构。每个索引都有一个特定的搜索码与表中的记录关联,索引按顺序存储搜索码的值。索引属于数据库编排数据的内部方法,帮助提供方法来快速编排查询数据
索引页	索引页是数据库表中存储索引的数据页,类似于汉语字(词)典中按拼音或笔画排序的目录页
索引的作用	通过使用索引,可以大大提高数据库的检索速度,改善数据库性能

2.（重点※）索引类型

索引类型的说明如表9.2所示。

表 9.2　索引类型表

名　　称		说　　明
聚集索引(Clustered)：是指数据库表中的数据行的物理顺序按照索引键值的逻辑(索引)顺序存储，且每个表只能有一个。聚集索引对查询行数据很有效	主键索引	为表创建了一个主键约束，也将自动创建一个主键索引，主键索引是唯一索引的特殊类型。主键索引要求主键中的每个值是唯一的，并且不能为空。当在查询中使用主键索引时，它还允许快速访问数据
	唯一索引	为表创建了一个唯一约束，将自动创建一个唯一索引，唯一索引不允许表中有两条数据行完全相同。尽管唯一索引有助于找到信息，但为了获得最佳性能，建议使用主键约束或唯一约束
	普通的聚集索引	唯一索引和普通的聚集索引可以由用户创建
非聚集索引(Non-clustered)：具有完全独立于数据行的结构		用于指定表的逻辑顺序，其数据存储在一个位置，索引存储在另一个位置，索引中包含指向数据存储位置的指针。可以有多个，但不能超过 249 个

3.（重点※）聚集索引与非聚集索引

聚集索引与非聚集索引的区别如表 9.3 所示。

表 9.3　聚集索引与非聚集索引的区别

序号	内　　容
1	在聚集索引中，表中各行的物理顺序与键值的逻辑(索引)顺序相同，表只能包含一个聚集索引。例如，汉语字(词)典默认按拼音排序编排字典中的每页页码。 如果不是聚集索引，表中各行的物理顺序与键值的逻辑顺序不匹配。聚集索引比非聚集索引(Nonclustered Index)有更快的数据访问速度。例如，按笔画排序的索引就是非聚集索引
2	SQL Server 中，一个表只能创建一个聚集索引，可以创建多个非聚集索引
3	聚集索引改变数据的物理排序方式，使得数据行的物理顺序与索引键值的物理存储顺序一致。要在创建所有的非聚集索引前创建聚集索引
4	聚集索引页的大小根据被索引的列的情况有所不同，平均大小占表的 5%。 非聚集索引页的大小可由用户在创建时指定

4.（重点※）创建索引

创建索引的方法如表 9.4 所示。

表 9.4　创建索引方法一览表

名　　称	内　　容
使用索引设计器	(1) 在 SSMS 中，打开 student 数据库的 scores 表，右击"索引"，然后选择"新建索引"→"非聚集索引"。 (2) 启动"新建索引"对话框后，左侧选择"常规"选项，然后在右侧单击"添加"按钮，在弹出的选择列对话框选中索引列后单击"确定"按钮，在左侧选择"选项"选项，在右侧的"填充因子"编辑框内填写具体数值。在左侧选中"存储"选项，在右侧选择文件组，比如 PRIMARY。单击"确定"按钮后，索引创建完毕

名　称	内　容
使用 SQL 语句	CREATE [UNIQUE] [CLUSTERED｜NONCLUSTERED] 　　INDEX　index_name 　　ON table_name (column_name…) 　　[WITH FILLFACTOR = x] 注意： UNIQUE 表示唯一索引,可选; CLUSTERED、NONCLUSTERED 表示是聚集索引还是非聚集索引,可选; 默认为 NONCLUSTERED 类型的索引; FILLFACTOR 表示填充因子,用于指定一个 0 到 100 之间的值,该值指示索引页填满的空间所占的百分比

5.（重点※）应用索引

应用索引的说明如表 9.5 所示。

表 9.5　应用索引一览表

名　称	解　释	说　明
使用索引的语法格式	SELECT [列名序列] FROM 表名 with(INDEX＝索引名)　WHERE 条件	例: USE stuDB IF EXISTS (SELECT name FROM sysindexes 　　　　　WHERE name = 'IX_writtenExam') DROP INDEX stuMarks.IX_writtenExam
查看索引信息	在 SQL Server 2012 中,索引的信息存储在每个数据库的系统视图 sys.indexes 中	CREATE NONCLUSTERED INDEX IX_writtenExam ON stuMarks(writtenExam) WITH FILLFACTOR = 30 GO
删除索引	DROP INDEX 索引名。	SELECT ∗ FROM stuMarks with (INDEX = IX_writtenExam) 　　WHERE writtenExam BETWEEN 60 AND 90

6.（重点难点※※）创建和使用索引的原则

创建和使用索引的原则如表 9.6 所示。

表 9.6　创建和使用索引的原则

名称	内　容
原因	索引的优点是能够加快访问速度和加强行的唯一性。但是索引也有缺点,带索引的表在数据库中需要更多的存储空间,而且操纵数据的命令需要更长的处理时间,因为它们需要对索引进行更新。因此是否使用索引,要遵守原则
原则	(1) 选择建立索引的列的标准: ① 该列用于频繁搜索; ② 该列用于对数据进行排序。 (2) 不要使用下面的列创建索引: ① 列中仅包含几个不同的值。 ② 表中仅包含几行。 为小型表创建索引可能不太划算,因为 SQL Server 在索引中搜索数据所花的时间比在表中逐行搜索所花的时间更长

9.2 典型例题讲解

【例 9.1】 在测试数据库 TestDB 的测试表 test(tNo,tName,tScore)中,体会各种类型的索引。

(1) 在 tNo 上创建主键,查询表。

(2) 在 tName 上创建唯一键盘,查询表。

(3) 取消唯一键,在 tName 上创建唯一索引,查询表并体会差异。

(4) 在 tScore 上创建非聚集索引,查询表。

答案:首先创建基础表和添加数据,其 SQL 语句如下所示,效果如图 9.1 所示。

```
use TestDB
if exists(select * from sysobjects where name = 'test')
drop table test
go
create table test
(
  tNo varchar(4) not null,
  tName varchar(20),
  tScore int
)
go
insert into test select '0001','n1',62
insert into test select '0002','n2',45
insert into test select '0003','n3',98
insert into test select '0004','n4',56
insert into test select '0005','n5',74
insert into test select '0006','n6',80
select * from test
```

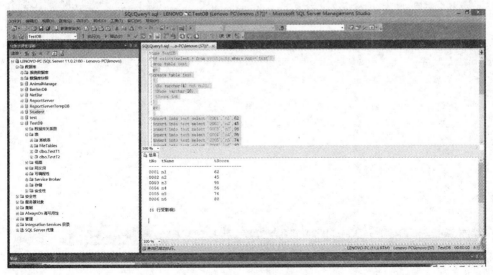

图 9.1 基础数据效果截图

（1）查询的 SQL 语句如下所示，测试结果如图 9.2 所示。

```
alter table  test add constraint con_pri_tNo primary key(tNo)
go
select * from test
```

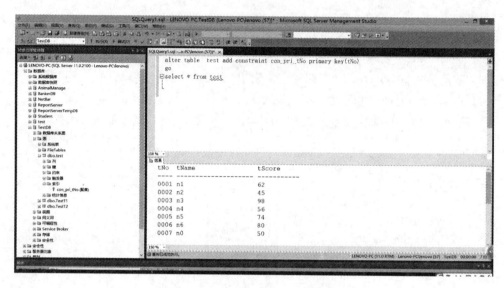

图 9.2　加入主键后的查询结果截图

（2）查询的 SQL 语句如下所示，测试结果如图 9.3 所示。

```
alter table  test add constraint con_unique_tName Unique(tName)
go
insert into test select '0007','n0',50
select * from test
```

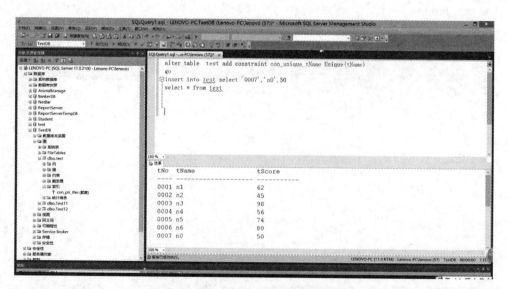

图 9.3　加入唯一约束后的查询结果

（3）SQL 语句如下所示，测试结果如图 9.4 所示。

```
alter table test drop constraint con_Unique_tName
go
create unique index index_tName on test(tName)
go
select * from test with(index = index_tName)
```

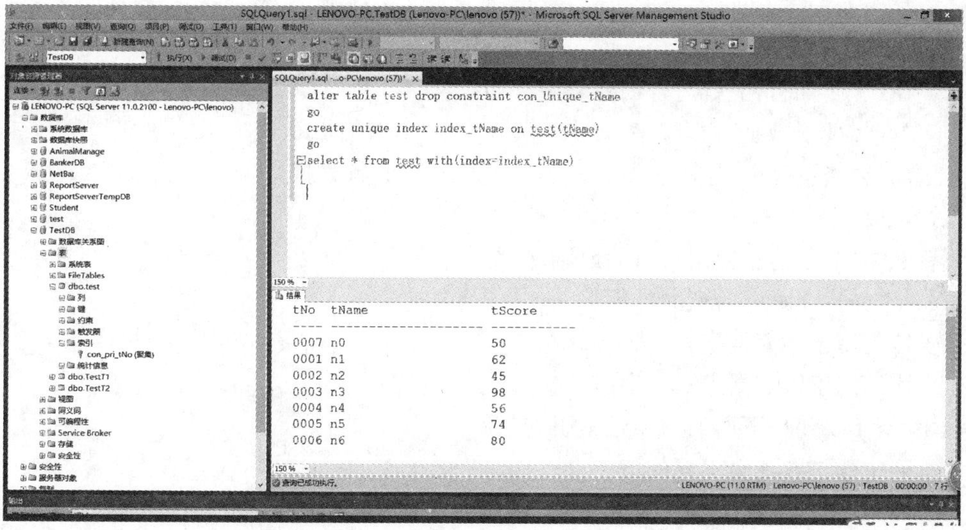

图 9.4　取消唯一约束加入唯一索引后的查询效果图

（4）查询的 SQL 语句如下所示，测试结果如图 9.5 所示。

```
create nonclustered index index_non_tScore on test(tScore)
go
select * from test with(index = index_non_tScore)
```

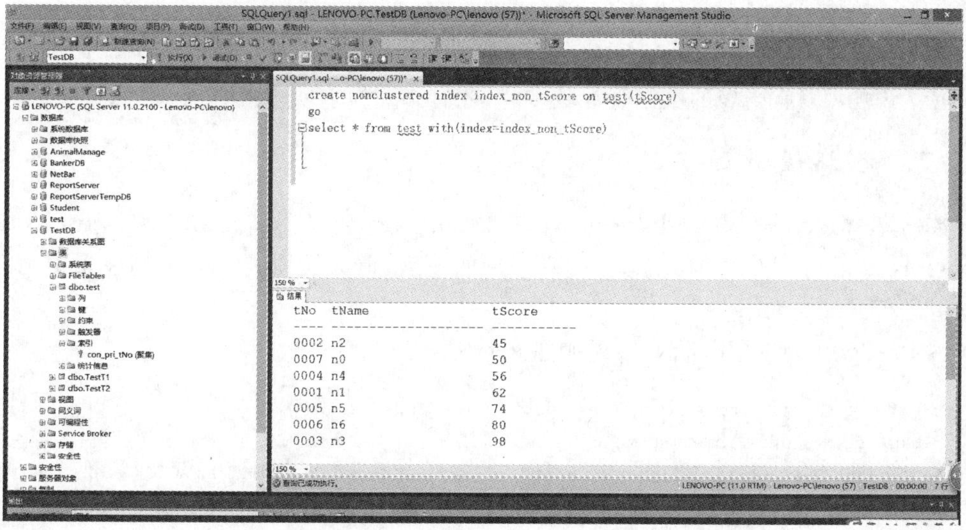

图 9.5　在 tScore 上加入非聚集索引后的测试结果截图

9.3　课后题解析

9.3.1　选择题

1. 某表数据量庞大,为了加快对表的访问速度,应对此表建立(　　)。

  A. 约束　　　　　　B. 存储过程　　　　C. 规则　　　　　　D. 索引

答案:D

2. 在(　　)的列上更适合创建索引。

  A. 需要对数据进行排序　　　　　　B 具有默认值

  C. 频繁更改　　　　　　　　　　　D. 频繁搜索

答案:A、D

答案说明: 创建和使用索引的原则如下。

(1) 选择建立索引的列的标准:

① 该列用于频繁搜索;

② 该列用于对数据进行排序。

(2) 请不要使用下面的列创建索引:

① 列中仅包含几个不同的值。

② 表中仅包含几行。

为小型表创建索引可能不太划算,因为 SQL Server 在索引中搜索数据所花的时间比在表中逐行搜索所花的时间更长。

3. 以下说法正确的是(　　)。

  A. 为表创建索引,可以提高表的查询速度

  B. 不是所有表都适合创建索引

  C. 创建索引会增加表的存储空间

  D. 创建主键后,表自动添加主键索引

答案:B、C、D

答案说明: 只有当表的数据行数较多时,才有必要为它创建索引。

9.3.2　程序设计题

数据库 student,有表 stuInfo(stuNo,stuName)、cource(cNo,cName)和 scores(stuNo,cNo,score)。由于学生成绩太多,为提高查询的速度,请为成绩表 scores 创建索引,并使用该索引进行成绩查询。

答案: SQL 代码如下所示,结果如图 9.6 所示。

```
if exists(select * from sysindexes where name = 'index_score')
   drop index scores. index_score
CREATE   NONCLUSTERED INDEX   index_score   ON scores(score)   WITH FILLFACTOR = 30
Go
select * from scores  with (INDEX = index_score) where score> = 60
Go
```

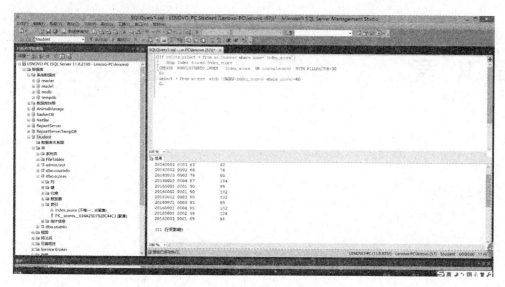

图 9.6　程序设计题测试结果截图

小结

索引是为了方便快速查询而创建的。索引分为唯一索引、主键索引、聚集索引
（Clustered）和非聚集索引（Non-clustered）。

索引存在表中，是表的一个组成对象。索引页占表的百分比一般小于30%。

可以使用索引管理器创建索引，也可以使用 SQL 语句直接创建索引。

只有表的记录数足够多时才有必要为它创建索引。

索引要创建在能够排序、频繁被查询和包含的字段值丰富的字段上。

第 10 章　　视　　图

学习目标

- 了解视图的概念。
- 熟练使用视图。

知识脉络图

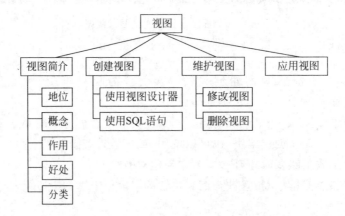

10.1　重点难点解析

1. （重点※）视图简介

视图的基础概念如表 10.1 所示。

表 10.1　视图基础概念表

名称	内　　　　容
地位	数据库模式分为内模式(物理模式)、模式(数据库架构)和外模式(子模式)几种类型,其中外模式还可以称为视图,主要是指按照用户的需要创建的数据库对象,用户可以通过视图方便地对数据库数据进行维护
概念	视图是一张虚拟表,它表示一张表的部分数据或多张表的综合数据,其结构和数据是建立在对表的查询基础上。视图中并不存放数据,数据是存放在视图所引用的原始表(基表)中。同一张原始表,根据不同用户的不同需求可以创建不同的视图
作用	(1) 筛选表中的行。 (2) 防止未经许可的用户访问敏感数据。 (3) 降低数据库的复杂程度。 (4) 将多个物理数据库抽象为一个逻辑数据库

名称	内 容
好处	对最终用户的好处
	(1) 使结果更容易理解。创建视图时,可以将列名改为有意义的名称,使用户更容易理解列所代表的内容。在视图中修改列名不会影响基表的列名。
	(2) 获得数据更容易。很多人对 SQL 不太了解,因此对他们来说创建对多个表的复杂查询很困难,可以通过创建视图来方便用户访问多个表中的数据
	对开发人员的好处
	(1) 限制数据检索更容易。开发人员有时需要隐藏某些行或列中的信息。通过使用视图,用户可以灵活地访问他们需要的数据,同时保证同一个表或其他表中的数据的安全性。如果要实现这一目标,可以在创建视图时将要对用户保密的列排除在外。
	(2) 维护应用程序更方便。调试视图比调试查询更容易,跟踪视图中过程的各个步骤中的错误更为容易,这是因为所有的步骤都是视图的组成部分
分类	系统视图:系统视图的架构和数据都完全由 SQL Server 2012 服务自动配给,用户只需享受它们提供的服务即可。SQL Server 2012 的数据字典不再使用系统数据库 Master 中的系统表,而主要采用每个数据库中的系统视图。以"INFORMATION_"为前缀命名的系统视图提供本数据库的所有数据字典信息,以"sys."为前缀命名的系统视图提供本服务的所有数据字典信息。SQL Server 2012 的这一改变更加方便了数据库用户的多数据库操作
	NFORMATION_SCHEMA. CHECK_CONSTRAINTS:用户数据库内的 CHECK 约束
	INFORMATION_SCHEMA. COLUMNS:用户数据内的所有表和视图的列
	INFORMATION_SCHEMA. TABLES:用户数据库内的所有表
	INFORMATION_SCHEMA. VIEWS:用户数据库内的所有视图
	INFORMATION_SCHEMA. CONSTRAINT_COLUMN_USAGE:用户数据库内的所有键
	sys. columns:SQL Server 2012 服务中所有的列
	sys. databases:SQL Server 2012 服务中所有的数据库
	sys. default_constraints:SQL Server 2012 服务中所有的默认约束
	sys. object:SQL Server 2012 服务中所有的对象信息
	用户视图是用户根据具体的数据管理需要而创建,视图的架构完全由用户决定

2. (重点※)创建视图

创建视图的方法如表 10.2 所示。

表 10.2 创建视图方法一览表

名　　称	方　　法
在 SSMS 中通过视图设计器来创建视图	打开相应数据库,右击"视图"选项,选择"新建视图"→"启动创建视图"选项,弹出"添加表"对话框,在"添加表"对话框中,选中视图所需字段涉及的表。单击"添加"按钮。弹出视图设计器,在视图设计器中,使用鼠标选择各表中的各字段(可见到自动生成的 SQL 创建视图语句,也可直接手写),视图架构搭建完毕,单击"关闭视图"按钮,弹出"询问"对话框,单击"是"按钮,弹出"选择名称"对话框,在这里为视图命名

名　　称	方　　法
利用 SQL 语句创建视图	CREATE VIEW view _name 　AS <SELECT 语句>	例: USE STUDENT IF EXISTS (SELECT * FROM sys.objects WHERE name = 'view_总分排行表') 　　DROP VIEW view_总分排行表 GO CREATE VIEW [view_总分排行表] 　AS SELECT top 5 学号 = stuInfo.stuNo, 姓名 = stuName, 总分 = sum(score) FROM stuInfo LEFT JOIN scores ON stuInfo.stuNo = scores.stuNo GROUP BY stuinfo.stuNo,stuName ORDER BY 总分 DESC GO SELECT * FROM view_总分排行表

3. (重点※)维护视图

维护视图的方法如表 10.3 所示。

表 10.3　维护视图方法一览表

名　　称	方　　法
修改视图	使用视图设计器修改视图: 选中相应数据库,右击"视图"选项,右击相应的用户视图,然后选中"设计",启动视图设计器。 启动视图设计器后,可以在视图设计器中修改视图内容,比如,选中"筛选器"字段,加上筛选条件">=60"(也可直接修改 SQL 代码),然后单击视图设计器的"关闭"按钮,弹出保存修改的询问对话框,单击"是"按钮,视图修改完毕 使用 SQL 语句修改视图 ALTER VIEW 视图名[列名] AS 　SELECT …
删除视图	在 SSMS 的对象管理器中启动删除任务: 打开数据库,然后打开视图,右击要被删除的视图,选择"删除"选项即可 使用 SQL 语句删除视图 语法:DROP VIEW 视图名

4. 视图的使用

视图帮助用户方便地管理数据,可以在视图上进行增、删、改、查等操作。因为修改视图有许多限制,所以在实际开发中视图一般仅做查询使用。

10.2　典型例题讲解

【例 10.1】　视图的使用大大化简了数据的访问、提供特定数据窗口和为数据提供各种等级的保护保密措施。现在需要汉化显示 Student 数据库中的学生考试信息,创建视图,并应用视图来实现题目要求。

答案：实现功能所需 SQL 语句如下所示，测试结果如图 10.1 所示。

```
if exists(select * from sysobjects where name = '')
drop view view_stu_cour_scores
Go
create view view_stu_cour_scores
as
 select 姓名 = stuName,学号 = stuInfo. stuNo,科目 = courinfo. cName,成绩 = score from stuInfo
inner join scores on stuInfo. stuNo = scores. stuNo inner join courInfo on scores. cNo =
courInfo.cNo
 Go
select * from view_stu_cour_scores
```

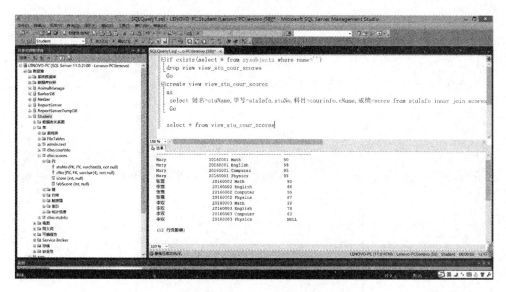

图 10.1 例 10.1 测试结果截图

10.3 课后题解析

10.3.1 选择题

1. 为数据库中一个或多个表中的数据提供另一种查看方式的逻辑表被称为( )。

    A. 存储过程   B. 触发器   C. 视图   D. 表

答案：C

2. 视图中的数据可以来源于( )。

    A. 表   B. 视图   C. 存储过程   D. 触发器

答案：A、B

3. 使用视图可以( )。

    A. 帮助查询   B. 帮助添加数据   C. 帮助修改数据   D. 帮助删除数据

答案：A、B、C、D

答案说明：视图帮助用户方便地管理数据，可以在视图上进行增、删、改、查等操作。因为修改视图有许多限制，所以在实际开发中视图一般仅做查询使用。

10.3.2　上机题

创建班主任和教师关心的视图。班主任关心学生档案（姓名，学号，性别和年龄），教师关心学生成绩、是否参加考试、是否考试及格（姓名，学号，笔试，机试是否通过，是否缺考）。

答案：（1）首先创建班主任关心的视图，其 SQL 语句如下所示，测试结果如图 10.2 所示。

```
-- 班主任关心学生档案(姓名,学号,性别和年龄)
select * from stuInfo—与查询视图 view_to_班主任对比效果
if exists(select * from sysobjects where name = 'view_to_班主任')
    drop view view_to_班主任
Go
create view view_to_班主任
 as
select 姓名 = stuName,学号 = stuNo,性别 = stuSex,年龄 = stuAge from stuInfo
Go
select * from view_to_班主任
```

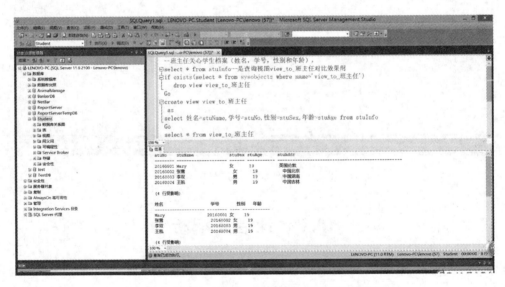

图 10.2　创建班主任关心的视图及应用的结果截图

（2）创建教师关心视图，其 SQL 语句如下所示，测试数据结果如图 10.3 所示。

```
-- 教师关心学生成绩、是否参加考试、是否考试及格(姓名,学号,笔试,机试是否通过,是否缺考)。
if exists(select * from sysobjects where name = 'view_to_教师')
    drop view view_to_教师
GO
create view view_to_教师
as
select 姓名 = stuName,学号 = stuInfo.stuNo,考试科目 = case
when cNo is null then '所有科目'
```

```
else cNo
end
,笔试 = case
when score is not null then convert(varchar(10),score)
else '缺考!'
end
,机试 = case
when labScore is null then '缺考,考试不通过!'
when labScore < 60 then   '未通过考试!'
else '考试通过!'
end
 from stuInfo left join scores on stuInfo.stuNo = scores.stuNo
 GO
select * from view_to_教师
```

图 10.3   创建教师关心的视图及应用的结果截图

小结

视图是一张虚拟的表,数据来自于其他的表和视图。

视图可以针对用户为其提供专门的数据。用户可以通过视图设计器和 SQL 语句创建
视图。

第 11 章　存储过程

学习目标

- 理解数据库的存储过程的概念和特点。
- 了解数据库的存储过程分类。
- 熟练使用数据库的存储过程。

知识脉络图

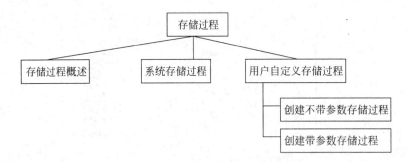

11.1　重点难点解析

1. (重点※)存储过程概述

存储过程的基础概念如表 11.1 所示。

表 11.1　存储过程基础概念一览表

名　　称	说　　明
为什么引入存储过程	批处理、事务都是算法程序段,都存储在临时空间中,若不刻意保存就会丢失掉。用户通过定义数据库对象——存储过程,可把算法定义在存储过程中永久保存、随时调用
概念	存储过程(Procedure)类似于 C 语言中的函数,用来执行管理任务或应用复杂的业务规则,存储过程可以带参数,也可以返回结果。存储过程可以包含数据操纵语句、变量、逻辑控制语句等
优点	(1) 执行速度快:存储过程在创建时就已经通过语法检查和性能优化,在执行时无需每次编译,并且由于存储过程存储在数据库服务器,因而性能高。 (2) 允许模块化设计:用户只需创建存储过程一次并将其存储在数据库中,以后即可在程序中调用该过程任意次。存储过程可由在数据库编程方面有专长的人员创建,并可独立于程序源代码而单独修改。

名　称	说　　明
优点	（3）提高系统安全性：可将存储过程作为用户存取数据的管道。可以限制用户对数据表的存取权限，建立特定的存储过程供用户使用，完成对数据的访问。另外，存储过程的定义文本可以被加密，使用户不能查看其内容。 （4）减少网络流量：一个需要数百行 Transact-SQL 代码的操作由一条执行过程代码的单独语句就可实现，而不需要在网络中发送数百行代码
分类	（1）系统存储过程：由系统定义，存放在 master 数据库中，系统存储过程的名称都以"sp_"或"xp_"开头。sp 是指 System Procedure 系统过程，xp 是指 Extensible Procedure 扩展过程 （2）用户自定义存储过程：由用户在自己的数据库中创建的存储过程

2.（重点※）系统存储过程

系统存储过程和扩展存储过程有很多，恰当使用能达到事半功倍的效果。常用的存储过程表如表 11.2 所示。常用的系统存储过程使用效果如图 11.1 所示。

表 11.2　常见系统存储过程

系统存储过程	说　　明
sp_databases	列出服务器上的所有数据库
sp_helpdb	报告有关指定数据库或所有数据库的信息
sp_renamedb	更改数据库的名称
sp_tables	返回当前环境下可查询的对象的列表
sp_columns	返回某个表列的信息
sp_help	查看某个表的所有信息
sp_helpconstraint	查看某个表的约束
sp_helpindex	查看某个表的索引
sp_stored_procedures	列出当前环境中的所有存储过程
sp_password	添加或修改登录账户的密码
sp_helptext	显示默认值、未加密的存储过程、用户定义的存储过程、触发器或视图的实际文本
xp_cmdshell	常用的扩展存储过程，它可以执行 DOS 命令下的一些的操作，并以文本行方式返回任何输出

图 11.1　常用存储过程测试效果截图

3.（重点※）用户自定义存储过程（如表 11.3 所示）

表 11.3　用户自定义存储过程

名　　称	创建存储过程语法	调　　用
不带参数存储过程	CREA[TE]　PROC[EDURE]存储过程名 　　　　AS 　　　　SQL 语句 GO	EXEC[UTE]　过程名
带输入参数的存储过程	CREATE　PROC[EDURE]存储过程名 　　　　@参数　数据类型, 　　　　@参数 n　数据类型 　AS 　　SQL 语句 　GO	EXEC[UTE]　过程名　实参 1,　　,实参 n
输入参数有默认值的存储过程	CREATE　PROC[EDURE]存储过程名 　　　　@参数 1　数据类型[= 默认值], 　　　　@参数 n　数据类型[= 默认值] 　AS 　　SQL 语句 　GO	EXEC[UTE]　过程名 或者 EXEC[UTE]　过程名　实参 1,　,实参 n 或者 EXEC[UTE]　过程名　@参数 1 = 实参 1, 　, @参数 n = 实参数 n 或者 EXEC[UTE]　过程名　实参 1 或者 EXEC[UTE]　过程名　@参数 n = 参数 n
带输出参数存储过程	CREATE　PROC[EDURE]存储过程名 　　　　@参数 1　数据类型　OUTPUT, 　　　　@参数 n　数据类型　OUTPUT, 　AS 　　SQL 语句 　GO	Declare　@参数 1　数据类型, @参数 n　数据类型 EXEC[UTE]　过程名　@参数 1 OUTPUT, , @参数 n　OUTPUT
既带输入参数又带输出参数的存储过程	CREATE　PROC[EDURE]　存储过程名 　　　　@参数 1　数据类型 = [默认值], 　　　　@参数 2　数据类型 = [默认值], 　　　　@参数 n　数据类型 OUTPUT, 　AS 　　SQL 语句 　GO	Declare @参数　数据类型 EXEC[UTE]过程名　实参 1,实参 2 @参数 n　OUTPUT

11.2　典型例题讲解

【例 11.1】　实例说明各种类型的用户存储过程。

1）不带参数存储过程

实例代码如下,效果如图 11.2 所示。

```
if exists(select * from sysobjects where name = 'pro_print')
  drop proc pro_print
Go
create proc pro_print
as
 print '输出：不带参数存储过程测试！'
 go
exec pro_print
```

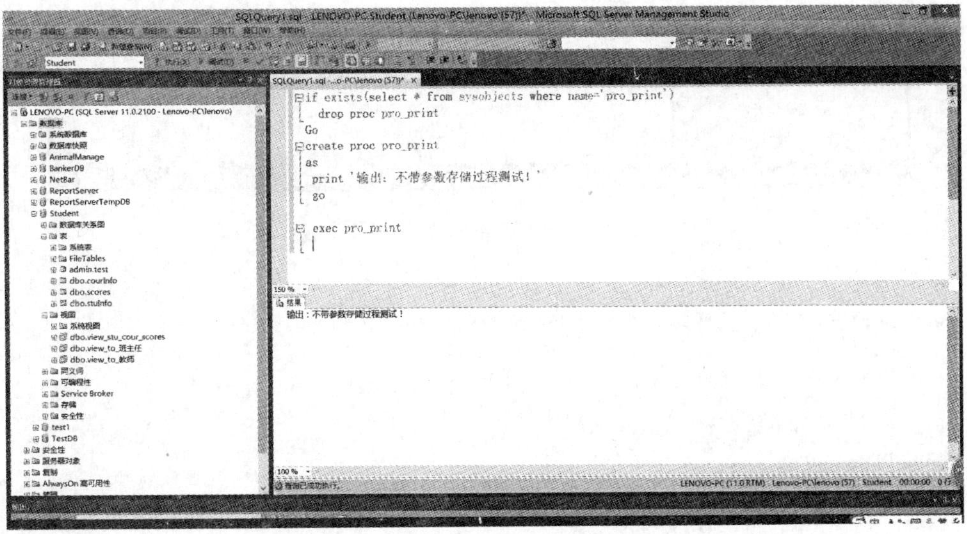

图 11.2　不带参数存储过程的实例测试效果截图

2) 带输入参数存储过程

实例代码如下，效果如图 11.3 所示。

```
if exists(select * from sysobjects where name = 'pro_print')
  drop proc pro_print
Go
create proc pro_print
@prin varchar(50)
as
 print '输出：' + @prin
 go

exec pro_print '带输入参数存储过程测试！'
```

3) 带有默认值的输入参数的存储过程

实例代码如下，效果如图 11.4 所示。

```
if exists(select * from sysobjects where name = 'pro_print')
  drop proc pro_print
Go
create proc pro_print
@prin1 varchar(50) = '输入参数默认值 1',
@prin2 varchar(50) = '输入参数默认值 2'
```

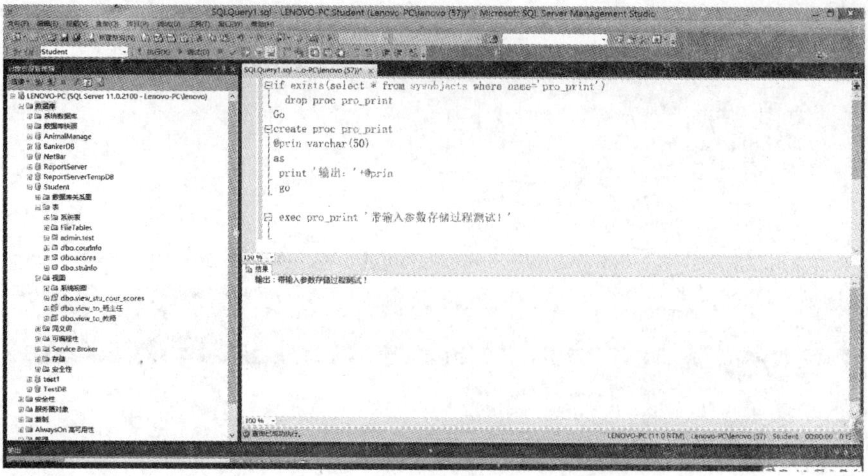

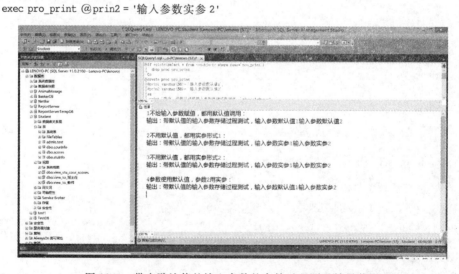

图 11.3　带输入参数存储过程的实例测试效果截图

```
as
  print '输出：带默认值的输入参数存储过程测试,' + @prin1 + @prin2
Go


  print '1 不给输入参数赋值,都用默认值调用：'
  exec pro_print
  print '            '
  print '2 不用默认值,都用实参形式 1：'
  exec pro_print '输入参数实参 1','输入参数实参 2'
  print '            '
  print '3 不用默认值,都用实参形式 2：'
  exec pro_print @prin1 = '输入参数实参 1',@prin2 = '输入参数实参 2'
  print '            '
  print '4 参数使用默认值,参数 2 用实参：'
  exec pro_print @prin2 = '输入参数实参 2'
```

图 11.4　带有默认值的输入参数的存储过程测试效果截图

4）带输出参数存储过程

实例代码如下，效果如图 11.5 所示。

```
if exists(select * from sysobjects where name = 'pro_print')
  drop proc pro_print
Go
create proc pro_print
@print1 varchar(50) output,
@print2 varchar(50) output
as
 print '输出：'
 set @print1 = 'proc1'
 set @print2 = 'proc2'
 go

declare @prin1 varchar(50)
declare @prin2 varchar(50)
exec pro_print @prin1 output,@prin2 output
select 输出参数 1 = @prin1,输出参数 2 = @prin2
```

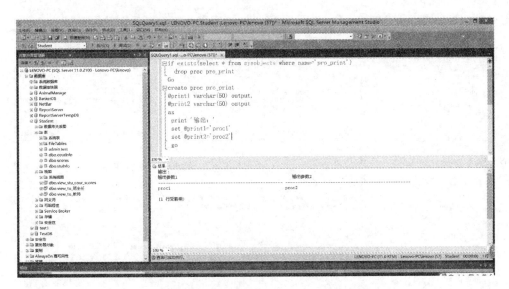

图 11.5　带输出参数的存储过程的实例测试效果截图

5）既带输入参数又带输出参数的存储过程

实例代码如下，效果如图 11.6 所示。

```
if exists(select * from sysobjects where name = 'pro_print')
  drop proc pro_print
Go
create proc pro_print
@prin1 varchar(50) = '输入参数默认值 1',
@prin2 varchar(50) = '输入参数默认值 2',
@prin3 varchar(50) output
as
 set @prin3 = '既带输入参数又带输出参数的存储过程测试的输出参数！'
```

存储过程

```
print '输出：既带输入参数又带输出参数的存储过程测试！' + @prin1 + @prin2 + @prin3
go

declare @prin varchar(50)
print '1 不给输入参数赋值，都用默认值调用：'
exec pro_print @prin3 = @prin output
print @prin
print '          '
print '2 不用默认值，都用实参形式 1：'
exec pro_print '输入参数实参 1', '输入参数实参 2', @prin output
print @prin
print '          '
print '3 不用默认值，都用实参形式 2：'
exec pro_print @prin1 = '输入参数实参 1', @prin2 = '输入参数实参 2', @prin3 = @prin output
print @prin
print '          '
print '4 参数使用默认值，参数 2 用实参：'
exec pro_print @prin2 = '输入参数实参 2', @prin3 = @prin output
print @prin
```

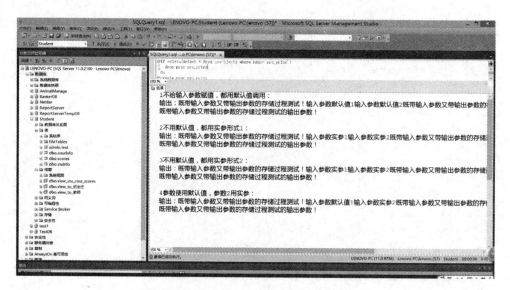

图 11.6　既带输入参数又带输出参数的存储过程的测试效果截图

11.3　课后题解析

11.3.1　选择题

1. 存储过程包括(　　)。

   A. 无参存储过程   B. 带输入参数存储过程

   C. 带输入和输出参数存储过程   D. 带默认输入参数的存储过程

答案：A、B、C、D

2. 有如下存储过程代码段

```
CREATE PROC proc_A
@pass1 int = 60,
@pass2 int = 60
@sum int output
AS
…
GO
```

下列(　　)是该存储过程的正确调用形式。

    A. DECLARE @sum2 int

       EXEC proc_A @sum2 OUTPUT

    B. DECLARE @sum2 int

       EXEC proc_A 70,70,@sum2 OUTPUT

    C. DECLARE @sum2 int

       EXEC proc_A 70,@sum2 OUTPUT

    D. DECLARE @sum2 int

       EXEC proc_A @pass2＝70,@sum2 OUTPUT

答案：B

答案说明：参照典型例题【例 11.1】。

11.3.2 程序设计题

1. 创建存储过程，完成以下要求。

（1）查询上学期期末考试未通过的学员，显示姓名、学号、笔试、机试成绩、是否通过，没参加考试的学员成绩显示为缺考。

（2）存储过程带三个参数，分别表示未通过的学员人数、笔试及格线和机试及格线，统计不及格学生名单并返回人数。

（3）统计未通过学生人数和名单时，缺考的学员也计算在内。

答案：

（1）查询 SQL 语句如下，结果如图 11.7 所示。

```
-- (1)查询上学期期末考试未通过的学员，显示姓名、学号、笔试、机试成绩、是否通过，没参加考试
的学员成绩显示为缺考。
if exists(select * from sysobjects where name = 'proc_display')
drop proc proc_display
go
create proc proc_display
as
select 姓名 = stuName,学号 = stuInfo. stuNo,考试科目 = case
when cName is null then '所有科目'
else cName
end
,笔试 = case
when score is not null then convert(varchar(10),score)
```

```
else '缺考!'
end
,机试 = case
when labScore is null then '缺考,考试不通过!'
when labScore < 60 then    '未通过考试!'
else '考试通过!'
end
 from stuInfo left join scores on stuInfo. stuNo = scores. stuNo left join courInfo on scores. cNo
 = courInfo. cNo
GO
exec proc_display
```

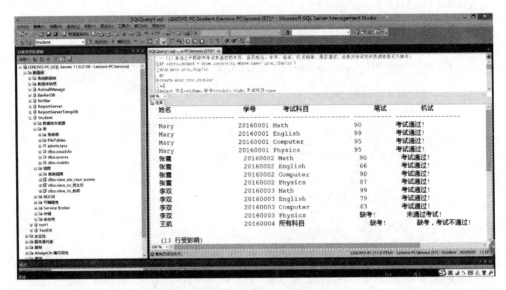

图 11.7　显示学生考试情况的截图

（2）SQL 语句如下,效果如图 11.8 所示。

```
-- (2)存储过程带 3 个参数,分别表示未通过的学员人数、笔试及格线和机试及格线,统计不及格学
生名单并返回人数。
if exists(select * from sysobjects where name = 'proc_display_notPass')
drop proc proc_display_notPass
go
create proc proc_display_notPass
@ scorePass int = 60,
@ labScorePass int = 60,
@ sum_notPass int output
as
select 姓名 = stuName,学号 = stuInfo. stuNo,考试科目 = case
when cName is null then '所有科目'
else cName
end
,笔试 = case
when score is not null then convert(varchar(10),score)
else '违反考试纪律!'
end
```

```
    ,机试 = case
    when labScore is null then '缺考,考试不通过!'
    when labScore <@labScorePass then   '未通过考试!'
    else '考试通过!'
    end
     from stuInfo inner join scores on stuInfo.stuNo = scores.stuNo inner join courInfo on scores.
    cNo = courInfo.cNo where score <@scorePass or labscore <@labScorePass
     select @sum_notPass = count ( * ) from stuInfo inner join scores on stuInfo.stuNo = scores.
    stuNo   where score <@scorePass or labscore <@labScorePass
     print '共有' + convert(varchar(50),@sum_notPass) + '人次不及格!'
    GO

    declare @sum int
    exec   proc_display_notPass 90,90,@sum output
```

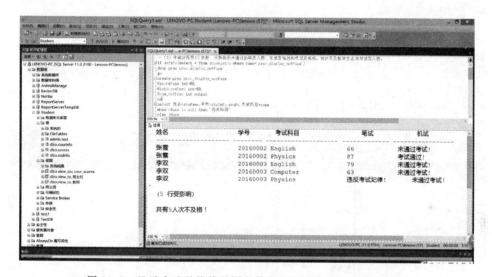

图 11.8   显示未达及格线的同学信息和不及格人次的效果截图

（3）统计未通过学生人数和名单时,缺考的学员也计算在内。其 SQL 语句如下,效果如图 11.9 所示。

```
    --(3)统计不及格学生名单并返回人数,缺考的学员也计算在内。
    if exists(select * from sysobjects where name = 'proc_display_notPass')
    drop proc proc_display_notPass
    go
    create proc proc_display_notPass
    @scorePass int = 60,
    @labScorePass int = 60,
    @sum_notPass int output
    as
    select 姓名 = stuName,学号 = stuInfo.stuNo,考试科目 = case
    when cName is null then '所有科目'
    else cName
    end
    ,笔试 = case
    when score is not null then convert(varchar(10),score)
```

```
else '违反考试纪律!'
end
,机试 = case
when labScore is null then '缺考,考试不通过!'
when labScore <@labScorePass then   '未通过考试!'
else '考试通过!'
end
 from stuInfo left join scores on stuInfo.stuNo = scores.stuNo left join courInfo on scores.cNo
 = courInfo.cNo where score <@scorePass or labscore <@labScorePass or score is null or
labScore is null
 select @sum_notPass = count ( * ) from stuInfo inner join scores on stuInfo.stuNo = scores.
stuNo   where score <@scorePass or labscore <@labScorePass or score is null or labScore is null
 declare @ge int
 select @ge = count( * )   from stuInfo left join scores on stuInfo.stuNo = scores.stuNo   where
cNo is null
 set @sum_notPass = @sum_notPass + @ge * 4
 print '共有' + convert(varchar(50),@sum_notPass) + '人次不及格!'
GO


declare @sum int
exec   proc_display_notPass 90,90,@sum output
```

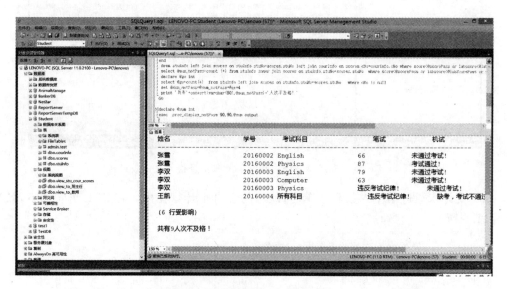

图 11.9   显示理论和机试未过及格线的学生信息及不及格人次效果截图

2. 定义一个存储过程,实现某账户向另一个账户转账一定金额的通用算法。
已知表:

```
CREATE TABLE bank
(
    customerNo CHAR(8),        -- 顾客账号,主键
    customerName CHAR(10),     -- 顾客姓名
    currentMoney MONEY         -- 当前余额
)
GO
```

```
ALTER TABLE bank
    ADD CONSTRAINT CK_currentMoney  CHECK(currentMoney > 0)
GO
```

答案：

基础数据建设如下，效果如图 11.10 所示。

```
use master
if exists(select * from sysdatabases where name = 'Bank_DB')
drop database Bank_DB
go
create database Bank_DB
use Bank_DB

CREATE TABLE bank
(
    customerNo CHAR(8),          -- 顾客账号,主键
customerName CHAR(10),          -- 顾客姓名
    currentMoney MONEY          -- 当前余额
)
GO

ALTER TABLE bank
    ADD CONSTRAINT CK_currentMoney  CHECK(currentMoney > 0)
GO
insert into bank select '00000001','张丽丽',1000
insert into bank select '00000002','李飞飞',2000
select * from bank
```

图 11.10　银行数据库基础数据建设的效果截图

转账代码如下，效果如图 11.11 所示。

```
if exists(select * from sysobjects where name = 'proc_zhuanZhang')
```

```
    drop proc proc_zhuanZhang
    go
create proc proc_zhuanZhang
@zhanghu1 char(8),
@zhanghu2 char(8),
@zhuanMoney money
as
declare @sumError int
set @sumError = 0
begin tran
update bank set currentMoney = currentMoney – @zhuanMoney where customerNo = @zhanghu1
set @sumError = @sumError + @@ERROR
update bank set currentMoney = currentMoney + @zhuanMoney where customerNo = @zhanghu2
set @sumError = @sumError + @@ERROR
if (@sumError <> 0)
begin
  print' 转账失败!'
  rollback tran
end
else
begin
  print '转账成功!'
  commit tran
end
go

print '转账前'
select * from bank
exec proc_zhuanZhang '00000001','00000002',200
print '转账后'
select * from bank
```

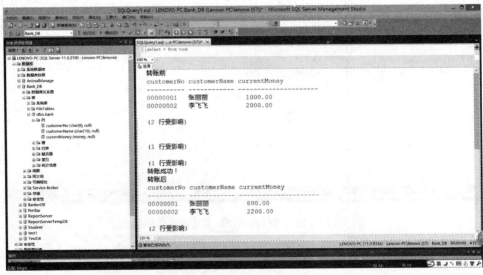

图 11.11　转账效果截图

小结

存储过程是数据库中算法设计与存储的物理对象。

存储过程分系统存储过程和用户自定义存储过程。用户自定义存储过程又分为无参数、有输入参数和有输出参数存储过程。

第 12 章　　　　触　发　器

学习目标

- 了解触发器的概念。
- 了解触发器的种类。
- 熟练使用触发器。

知识脉络图

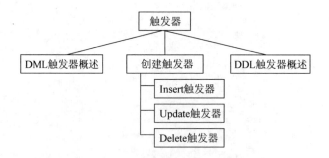

12.1　重点难点解析

1. (重点难点※※)DML 触发器概述

DML 触发器基础概念如表 12.1 所示。

表 12.1　DML 触发器基础概念一览表

名　称	说　明
概念地位	因触动而激发起某种反应是为触发。在 SQL Server 2012 中,触发器分为当用户对某表进行数据增加、修改、删除时触发的系统存储过程——DML 触发器,以及当用户对数据库或者其内部对象进行结构创建、更改、删除时触发的系统存储过程——DDL 触发器。本章主要学习 DML 触发器
概念	触发器是由系统自动触发的特殊的存储过程,是实现用户高级自定义完整性约束的手段
优势	触发器是一种特殊的存储过程,并且也具有事务的功能。它能在多表之间执行特殊的业务规则或保持复杂的数据逻辑关系
特性	(1) 触发器是在对表进行插入、更新或删除操作时自动执行的存储过程。 (2) 触发器通常用于强制业务规则。 (3) 触发器是一种高级约束,可以定义比用 CHECK 约束更为复杂的约束。 (4) 可执行复杂的 SQL 语句(if/while/case)。 (5) 可引用其他表中的列

名　称	说　明
特性	注意： (1) 触发器是一种特殊类型的存储过程，在对表进行插入、更新或删除操作时，自动触发执行，它也可以定义变量、使用逻辑控制语句等 T-SQL 语句。 (2) 普通的约束有一定的局限性(例如不能引用其他表中的列，不能执行 if/while/case 语句等)，只能进行简单操作。 (3) 触发器定义在特定的表上，与表相关。 (4) 触发器自动触发执行，不能直接调用。 (5) 触发器是一个事务(可回滚)。 　　当对某一表进行修改，诸如 UPDATE，INSERT，DELETE 这些操作时，SQL Server 就会自动执行触发器所定义的 SQL 语句，从而确保对数据的处理必须符合由这些 SQL 语句所定义的规则
分类	INSERT 触发器：当向表中插入数据时触发，自动执行触发器所定义的 SQL 语句 UPDATE 触发器：当更新表中某列或多列时触发，自动执行触发器所定义的 SQL 语句 DELETE 触发器：当删除表中记录时触发，自动执行触发器所定义的 SQL 语句
原理	触发器触发时系统自动在内存中创建 deleted 表或 inserted 表。它们是只读的，不允许修改，当触发器执行完成后，会被自动删除 inserted 表：该表中临时保存了插入或更新后的记录行。可以从 inserted 表中检查插入的数据是否满足业务需求，如果不满足，则向用户报告错误消息，并回滚插入操作 deleted 表：临时保存了删除或更新前的记录行，可以从 deleted 表中检查被删除的数据是否满足业务需求，如果不满足，则向用户报告错误消息，并回滚插入操作 inserted 和 deleted 表格见下

修改操作	inserted 表	deleted 表
增加(INSERT)记录	存放新增的记录	------
删除(DELETE)记录	------	存放被删除的记录
修改(UPDATE)记录	存放更新后的记录	存放更新前的记录

2. (重点难点※※)创建触发器

创建触发器的语法如表 12.2 所示。

表 12.2　创建触发器语法一览表

名　称	说　明
创建触发器	语法：CREATE TRIGGER trigger_name 　　　ON table_name 　　　[WITH ENCRYPTION] ----------------------------- 加密触发器 　　　 FOR [DELETE, INSERT, UPDATE] ------------------- 触发器类型 　　　AS 　　　 T-SQL 语句 　　　 GO
INSERT 触发器	(1) 执行 insert 插入语句，在表中插入数据行。 (2) 触发 insert 触发器，向系统临时表 inserted 表中插入新行的备份(副本)。 (3) 触发器检查 inserted 表中插入的新行数据，确定是否需要回滚或执行其他操作

名　称	说　明
DELETE 触发器	(1) 执行 delete 删除语句,删除表中的数据行。 (2) 触发 delete 删除触发器,向系统临时表的 deleted 表中插入被删除的副本。 (3) 触发器检查 deleted 表中被删除的数据,确定是否需要回滚或执行其他操作
UPDATE 触发器	(1) 向 deleted 表中插入被修改前的记录。 (2) 向 inserted 表中插入被添加的副本。 (3) 执行更新操作

3. (知识扩展)DDL 触发器

DDL 触发器基础概念的说明如表 12.3 所示。

表 12.3　DDL 触发器基础概念介绍

名　称	说　明
DDL 触发器	语法: CREATE TRIGGER trigger_name ON { ALL SERVER | DATABASE } [WITH < ddl_trigger_option > [,...n]] { FOR | AFTER } { event_type | event_group } [,...n] AS { sql_statement　[　]　[...n] | EXTERNAL NAME < method specifier >　[　] }
	创建对数据库的 DDL 触发器示例: CREATE TRIGGER No_Operate_to_Table ON DATABASE FOR DROP_TABLE, ALTER_TABLE 　AS PRINT '对不起,不能对数据表操作!' 　　ROLLBACK
	创建对服务器的 DDL 触发器示例: CREATE TRIGGER 不允许删除数据库 ON all server FOR DROP_DATABASE AS　　PRINT '对不起,不能删除数据库!' 　ROLLBACK　GO

12.2　典型例题讲解

【例 12.1】　现有银行数据库 BankDataBase,里面有顾客银行卡表 bank 和交易信息表 transInfo,如下所示:

```
Bank
( customerNo char(8), --------------------- 卡号,主键
  customerName char(10), --------------- 顾客姓名
  currentMoney money ----------------- 账户余额,currentMoney > 0

)
```

```
transInfo
(customerNo char(8),  ---------------- 卡号,Bank(customerNo 外键)
 transType char(8),  ------------------ 交易类型,值 存入/支取/转账/查看
 transMoney money,  ---------------- 交易金额
 transDate smallDateTime --------- 交易日期,主键
)
```

当用户使用卡进行交易时,用户账户上的金额会自动改变,并且为客户打印出此次的交易信息表和用户账户当前信息表。用户还可以查看最近 5 次的账户交易明细。请给出具体的解决方案。

答案:

数据库基础建设的 SQL 语句如下,效果如图 12.1 所示。

图 12.1 数据库 BankDatabase 基础建设的效果截图

```
use master
if exists(select * from sysdatabases where name = 'BankDataBase')
    drop database BankDataBase
    go

 create database BankDataBase
    go

use BankDataBase
go
if exists(select * from sysobjects where name = 'bank')
    drop table bank
    go
create table bank
(
customerNo char(8) primary key,
 customerName char(8) not null,
```

```
    currentMoney money check(currentMoney > 0)
)
go
if exists(select * from sysobjects where name = 'transInfo')
    drop table transInfo
    go
create table transInfo
(
  customerNo char(8) foreign key references bank(customerNo),
  transType char(8) check(transType = '查看' or transType = '存入' or transType = '支取' or
transType = '转账'),
  transMoney money,
  transDate   smallDateTime primary key,
  mdcustomerNo char(8) foreign key references bank(customerNo)
)
go
```

创建开户触发器，SQL 语句如下，测试效果如图 12.2 所示。

```
if exists(select * from sysobjects where name = 'trig_bank_insert')
    drop trigger trig_bank_insert
    go
create trigger trig_bank_insert
on bank
for insert
as
 declare @no char(8)
 declare @cm char(8)
 select @no = customerNo,@cm = currentMoney from inserted
 insert into transInfo values(@no,'存入',@cm,GETDATE(),null)
 print '开户,开户信息如下: '
 select * from bank where customerNo = @no
 go
```

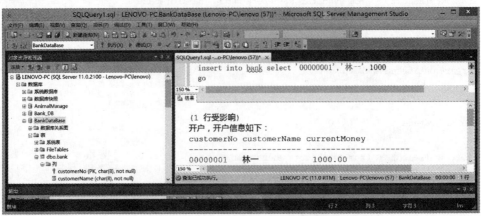

(a) 林一开户

图 12.2　开户数据测试效果的截图

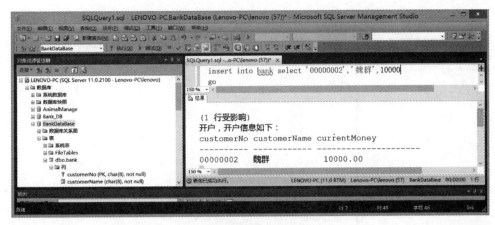

(b) 魏群开户

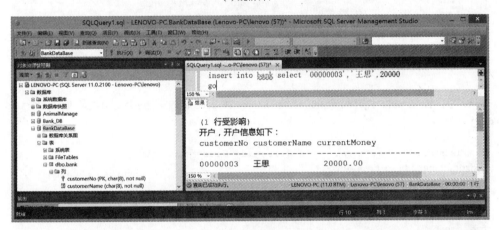

(c) 王思开户

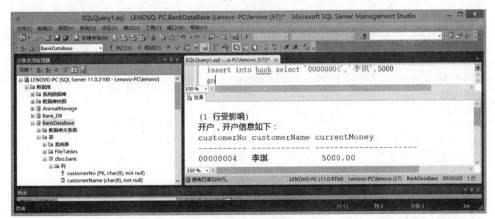

(d) 李琪开户

图 12.2 （续）

(e) 银行管理员查看总表

图 12.2 （续）

实现客户使用银行卡进行查询、存钱、取钱、转账的触发器的 SQL 代码如下，测试效果如图 12.3 所示。

```sql
if exists(select * from sysobjects where name = 'trig_transInfo')
  drop trigger trig_transInfo
  go
create trigger trig_transInfo
on transInfo
for insert
as
declare @no char(8)
declare @type char(8)
declare @money money
declare @mdno char(8)
select @no = customerNo, @type = transType, @money = transMoney, @mdno = mdcustomerNo
from inserted
if(@type = '存入')
  begin
  update bank set currentMoney = currentMoney + @money where customerNo = @no
  print '此次存入现金' + convert(char(8),@money) + '元!'
  print '账户当前信息: '
  select * from bank where customerNo = @no
  end
if(@type = '支取')
  begin
  update bank set currentMoney = currentMoney - @money where customerNo = @no
  if(@@ERROR <> 0)
  begin
    print '余额不足,无法支取!'
    rollback
  end
```

```
            else
          begin
              print'此次支取现金' + convert(char(8), @money) + '元!'
              print '账户当前信息:'
              select * from bank where customerNo = @no
              end
          end
if(@type = '转账')
begin
      declare @sumError int
      set @sumError = 0
      update bank set currentMoney = currentMoney - @money where customerNo = @no
      set @sumError = @sumError + @@error
      update bank set currentMoney = currentMoney + @money where customerNo = @mdno
      set @sumError = @sumError + @@error
      if(@sumError <> 0)
      begin
          print '转账不成功!'
          rollback
      end
      else
      begin
          print @no + '转账' + convert(char(8), @money) + '元到' + @mdno + '成功!'
          print'当前账户余额为'
          select * from bank where customerNo = @no
      end
end
if(@type = '查看')
begin
  print '当前账户余额为'
  select * from bank where customerNo = @no
  print '最近 5 次交易明细如下所示'
  select top 5 * from transInfo where customerNo = @no order by transDate DESC
end
go
```

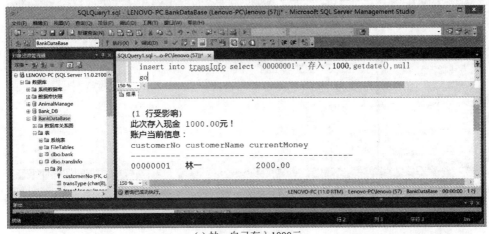

(a) 林一自己存入1000元

图 12.3　创建用户并进行存钱、取钱、转账、查看的触发器的测试效果截图

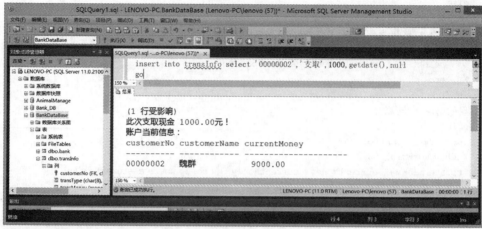

(b) 魏群取出1000元

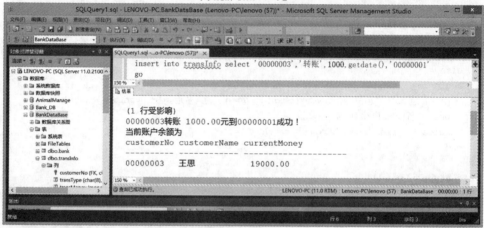

(c) 王思向林一转账1000元

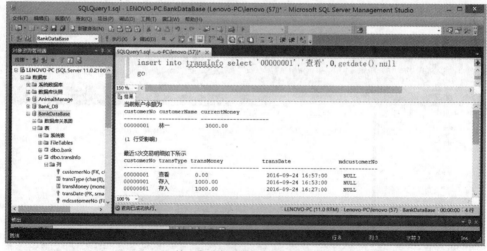

(d) 林一查看自己最近的5笔交易明细

图 12.3 （续）

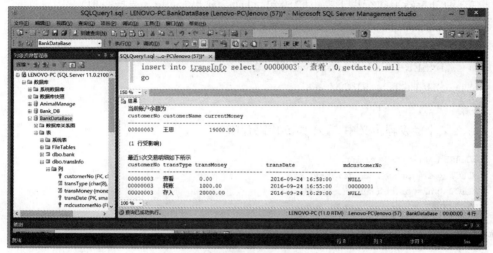

(e) 王思查看自己最近的5笔交易明细

图 12.3 （续）

注意：本例题仅是模仿银行系统的基础操作，但算法还很不完善，比如：

（1）没有允许每名账户设置密码。

（2）密码是对银行系统管理员不原样显示的，需要算法加密。

（3）在用户交易时需要输入密码，系统须对此密码进行验证，不为录入错误的密码的用户服务，并且输入三次错误密码后冻结该用户该账号银行卡。

（4）转账时，需要确认目标账户姓名等。

感兴趣的同学可以自己进一步完善该算法。

12.3　课后题解析

12.3.1　选择题

1. 触发器有（　　）。

    A. insert 触发器

    B. update 触发器

    C. delete 触发器

    D. insert、update 和 delete 两两混合或者三者混合在一起的触发器

答案：A、B、C、D

2. 在 scores 表上创建一个触发器：

```
CREATE TRIGGER trig_scores
ON scores
FOR UPDATE, DELETE
AS
IF (select count( * ) FROM inserted)> 0
PRINT('hello)
GO
```

在查询分析器上执行以下( )语句,可能会输出"hello"(选择一项)。

A. UPDATE scores SET score＝20

B. DELETE FROM scores WHERE score＜60

C. INSERT INTO scores values (略)

D. SELECT ＊ FROM scores

答案:A、B

3. 在某个触发器定义中,存在如下代码片断:

```
DECLARE @n1 int, @n2 int
SELECT @n1 = price FROM deleted
SELECT @n2 = price FROM inserted
PRINT CONVERT(varchar, @n2 - @n1)
```

该触发器是( )触发器。

A. select   B. update   C. insert   D. delete

答案:B

答案说明:能同时激活 deleted 和 inserted 两张内存临时表的只有 update 触发器。

12.3.2 程序设计题

在 bank 表上创建 insert 触发器,当开户时,需要将开户金额自动作为该卡号的存款交易,并保存在交易信息表中。如果金额大于 5 万,打印显示"贵宾",否则显示"普通"。

答案:设计的 SQL 代码如下,效果截图如图 12.4 所示。

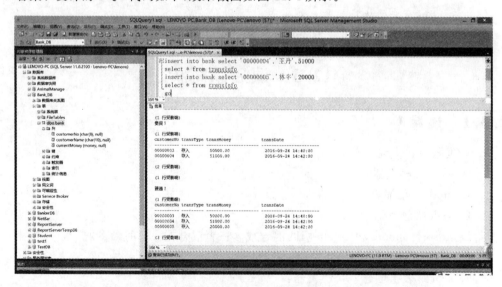

图 12.4 银行开户触发 insert 触发器效果测试截图

```
if exists(select ＊ from sysobjects where name = 'transInfo')
    drop table transInfo
    go
create table transInfo
(
```

```
    customerNo char(8),
    transType char(8),
    transMoney money,
    transDate smallDatetime
)
go

if exists(select * from sysobjects where name = 'trig_bank_insert')
drop trigger trig_bank_insert
go
create trigger trig_bank_insert
on bank
for insert
as
 declare @no char(8)
 declare @cm money
 select @no = customerNo, @cm = currentMoney from inserted
 insert into transInfo values(@no,'存入',@cm,GETDATE())
 if (@cm >= 50000)
  print '贵宾!'
  else
  print '普通!'
go
```

测试数据的 SQL 语句如下。

```
insert into bank select '00000004','王青',50000
insert into bank select '00000004','王丹',51000
select * from transInfo
insert into bank select '00000005','林丰',20000
select * from transInfo
go
```

小结

　　触发器是在对表进行插入、更新或删除操作时自动执行的存储过程,触发器通常用于强制业务规则。触发器还是一个特殊的事务单元,当出现错误时,可以执行 ROLLBACK TRANSACTION 回滚撤销操作。

　　触发器一般都需要使用临时表 deleted 表和 inserted 表,它们存放了被删除和被插入的记录行的副本。

　　触发器类型有 INSERT 触发器、UPDATE 触发器、DELETE 触发器等。

第 13 章　复杂数据库设计与实现 *

学习目标

- 了解复杂数据库设计方法。
- 熟练使用数据库管理软件管理数据库。

知识脉络图

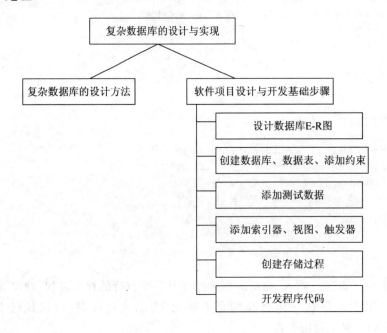

重点难点解析

软件开发周期的说明如表 13.1 所示。

表 13.1　软件开发周期表

名　　称	说　　明
需求分析阶段	分析客户的业务和数据处理需求
概要设计阶段	设计数据库的 E-R 模型图,确认需求信息的正确和完整
	分析系统特点,设计数据库的 E-R 图,获得需求信息,并保证其正确和完整

名　　称	说　　明
详细设计阶段	将 E-R 图转换为多张表,进行逻辑设计,并应用数据库设计的范式进行审核
	将 E-R 图转化为具体的逻辑模型,要保证准确。另外,此时也可以给出系统的类图,并且明确设计出项目各界面样式及功能
代码编写阶段	选择具体数据库软件进行数据库的物理实现,并编写代码完成应用程序开发
	不仅要使用具体的数据库软件物理实现设计好的数据库,还要完成各类、各界面以及对后台数据库的访问的开发
软件测试阶段	通过一段时间的试运行,给出各种类型的数据进行数据测试,一旦发现问题立即解决
安装部署	通过测试的软件和其数据库可以交付给用户使用了,开发者可以给客户直接安装,也可以将项目软件和数据库打包,帮助客户直接运行安装包将软件部署在服务器和客户端上

小结

复杂数据库设计与开发的过程包括创建库、创建表、添加约束、创建关系、数据测试,以及创建索引、视图、触发器、存储过程等。

学习中需要同时巩固的知识点有:

(1) 使用 SQL 语句创建库、创建表、添加约束、创建关系。

(2) 常用的约束类型:主键、外键、非空、默认值、检查约束等。

(3) 高级查询的使用:内部连接、子查询、索引、视图。

(4) 触发器:插入触发器的使用。

(5) 存储过程:带参数的存储过程、带返回值的存储过程。

(6) 事务:显示事务的应用。

第 3 篇

开发篇——数据库系统软件开发

第 14 章　数据访问技术*

第 14 章　数据访问技术 *

学习目标

- 了解数据访问的方法。
- 熟练使用数据访问技术。

知识脉络图

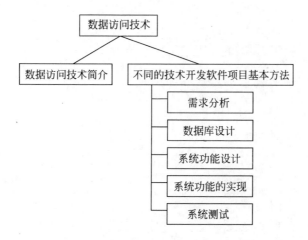

重点难点解析

数据访问技术的介绍如表 14.1 所示。

表 14.1　数据访问技术介绍

名　称		说　明
嵌入式 SQL 语句		适合于应用程序的客户对象是特定的厂商,他们所使用的数据库是基本不变的情况,此时,嵌入式 SQL 的简洁、迅速的特点得以彰显。但由于嵌入式 SQL 语句会随着所访问的数据库变化而变化,所以不宜用于开发关系数据访问软件,也不利于维护
微软提供的数据访问技术(以出现时间为序)	ODBC 接口	左侧每种数据访问技术都有自身的优缺点。在信息化工程建设中,并不是由技术的先进程度决定成败。没有最好的,只有最合适的。充分了解各种编程方法,根据自身的目标和水平来选择,才能得到最大的开发效率。如何选择使用数据访问模式,主要考虑这些方面的因素:数据源种类、支持语言、性能要求、功能、现有技术及对未来开发工具的兼容等
	DAO	
	RDO	
	OLEDB 接口	
	ADO	
	ADO. NET	
JDBC		性能较好的数据访问接口,但是只适用于 Java 语言

小结

数据访问技术的发展由嵌入式 SQL 语言开始,微软公司的数据访问技术历经 ODBC、DAO、RDO、JDBC、OLEDB、ADO 和 ADO. NET 技术,而 JDBC 是 Java 技术的数据访问技术封装 ODBC 而成。

附录 A　SQL Server 2016 版本介绍

Microsoft 公司于 2016 年 3 月正式发布了 SQL Server 2016,这一版本的 SQL Server 堪称 Microsoft 公司在数据库平台方向所做的又一次重大革新,它包含了诸如内存高级分析等若干新特性。2016 年 6 月 Microsoft 公司又发布了免费的 SQL Server 2016 正式版。与 SQL Server 2012 甚至 SQL Server 2015 相比,SQL Server 2016 都有很大的改变。因此,在附录 A 里为大家介绍 SQL Server 2016 的安装和基本操作。

A.1　SQL Server 2016 的安装

SQL Server 2016 也分 32 位和 64 位两种,但必须安装在 X64 的处理器上,而且内存最小在 2GB 以上,具体安装需求见表 A.1。

表 A.1　安装 SQL Server 2016 的系统配置表

组　件	要　　　求
内存*	最小值: Express 版本:512MB。 所有其他版本:1GB。 建议: Express 版本:1GB。 所有其他版本:至少 4GB,并且应该随着数据库大小的增加而增加,以便确保最佳的性能
处理器速度	最低要求:X64 处理器:1.4GHz。 建议:2.0GHz 或更快
处理器类型	X64 处理器:AMD Opteron、AMD Athlon 64、支持 Intel EM64T 的 Intel Xeon、支持 EM64T 的 Intel Pentium IV
.NET Framework	SQL Server 2016 RC1 和更高版本需要. NET Framework 4.6 才能运行数据库引擎、Master Data Services 或复制。SQL Server 2016 安装程序会自动安装. NET Framework。还可以从适用于 Windows 的 Microsoft . NET Framework 4.6(Web 安装程序)中手动安装. NET Framework。有关. NET Framework 4.6 的详细信息、建议和指南,请参阅面向开发人员的. NET Framework 部署指南。 Windows 8.14.6 之前,Windows Server 2012 R2 需要 KB2919355 . NET Framework
网络软件	SQL Server 2016 支持的操作系统具有内置网络软件。独立安装的命名实例和默认实例支持以下网络协议:共享内存、命名管道、TCP/IP 和 VIA。 注意:故障转移群集不支持共享内存和 VIA。 还要注意,不推荐使用 VIA 协议。后续版本的 Microsoft SQL Server 将删除该功能。请避免在新的开发工作中使用该功能,并着手修改当前还在使用该功能的应用程序。 有关网络协议和网络库的详细信息,请参阅 Network Protocols and Network Libraries

194

组 件	要 求
硬盘	SQL Server 2016 要求最少 6GB 的可用硬盘空间。 磁盘空间要求将随所安装的 SQL Server 2016 组件不同而发生变化。有关详细信息,请参阅本主题靠后部分中的硬盘空间要求。有关支持的数据文件存储类型的信息,请参阅 Storage Types for Data Files
驱动器	从磁盘进行安装时需要相应的 DVD 驱动器
监视器	SQL Server 2016 要求有超级 VGA(800×600)或更高分辨率的显示器
Internet	使用 Internet 功能需要连接 Internet

注意：如果需要安装 PolyBase,则需要安装 JAVA JRE(jdk-8u101-windows-x64 即可),用以查询 hadoop 数据。其他的组件 SQL Server 2016 安装程序会帮助用户自动下载和安装。

以在一台拥有双核 X64 处理器、装有 Windows 8 的系统上安装最新汉化的 SQL Server 2016 正式版(大小 2.28GB)为例,其安装步骤和安装截图如下所示。

(1) 选中并双击 Server 2016 安装文件,如图 A.1 所示。

图 A.1　选中并打开安装文件

(2) 在打开的文件夹中选中 setup.exe 文件并双击运行,如图 A.2 所示。

图 A.2　选中并运行 setup.exe 文件

(3) 打开 SQL Server 2016 安装向导组件,如图 A.3 所示。

(4) 在了解过后,在左侧选中"安装"选项,右侧选中第一项,如图 A.4 所示。

(5) 进入"产品秘钥"设置页,因为是免费测试版,所以不需要输入秘钥,之后单击"下一步"按钮,如图 A.5 所示。

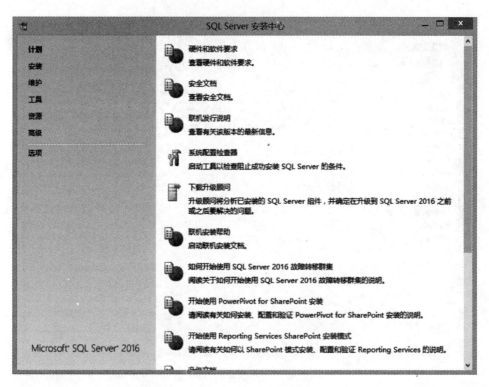

图 A.3　打开 SQL Server 2016 安装向导

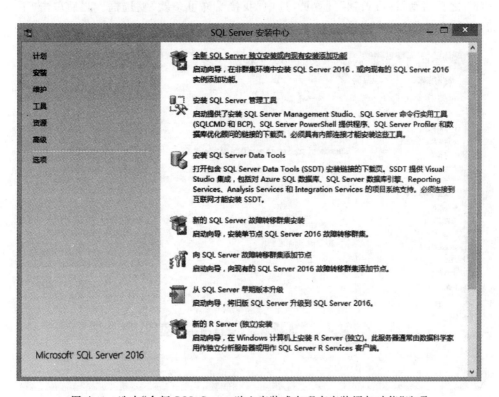

图 A.4　选中"全新 SQL Server 独立安装或向现有安装添加功能"选项

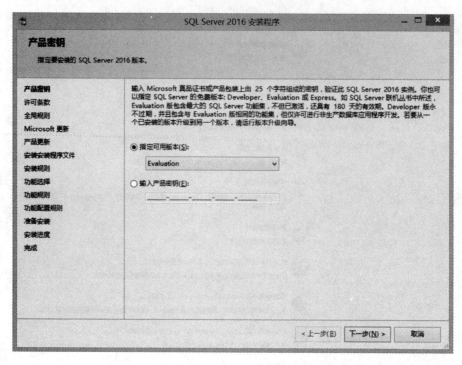

图 A.5 "产品秘钥"设置页

（6）之后启动"许可条款"设置页，选中"我接受许可条款"复选框。之后单击"下一步"按钮，如图 A.6 所示。

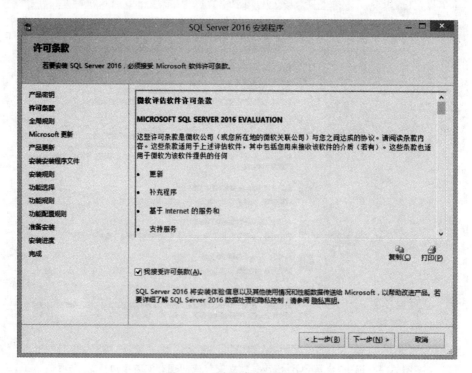

图 A.6 "许可条款"设置页

（7）进入"全局规则"设置页，如果没有问题，则可继续，之后单击"下一步"按钮，如图 A.7 所示。

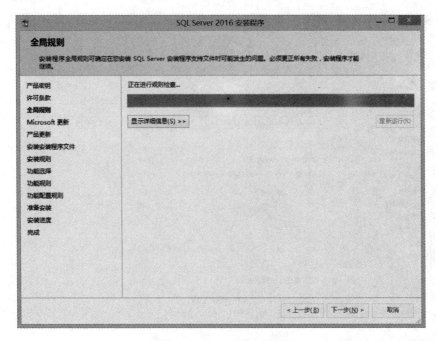

图 A.7　"全局规则"设置页

（8）进入"Microsoft 更新"设置页，可以不选"自动更新"复选框。之后单击"下一步"按钮。如图 A.8 所示。

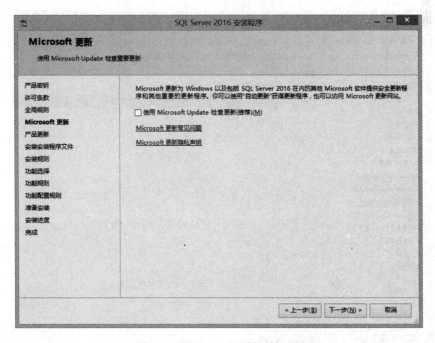

图 A.8　"Microsoft 更新"设置页

（9）进入"产品更新"设置页，系统会将安装 SQL Server 2016 所缺少的组件都列出来，单击"下一步"按钮，安装向导会在线下载并安装这些组件，如图 A.9 所示。

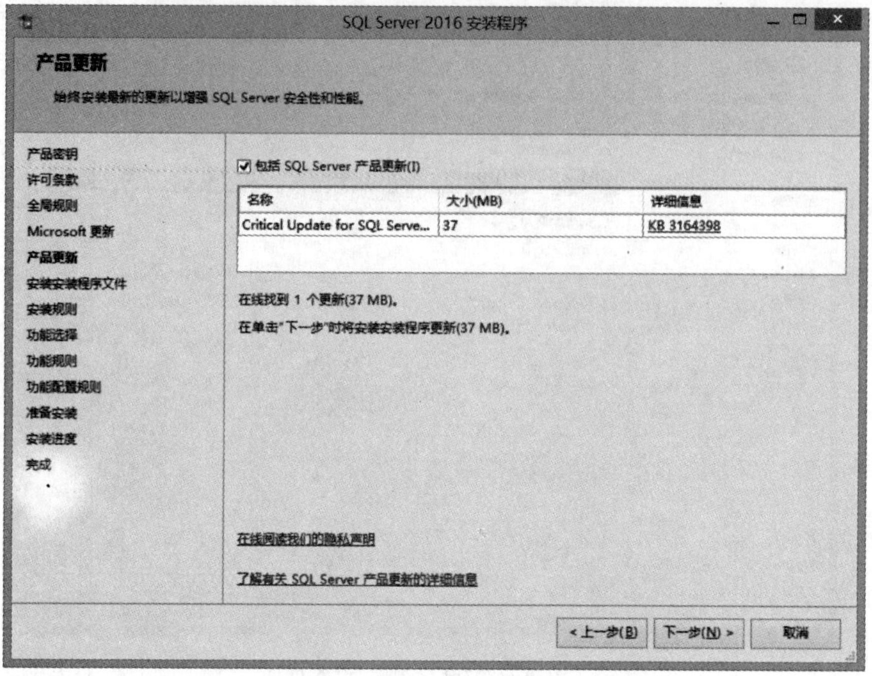

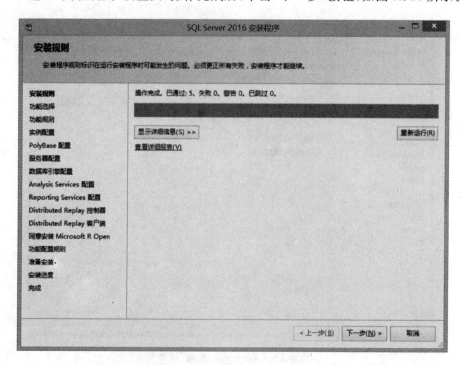

图 A.9 "产品更新"设置页

（10）进入"安装规则"设置页，操作完成后，单击"下一步"按钮，如图 A.10 所示。

图 A.10 "安装规则"设置页

（11）进入"功能选择"设置页，单击"全选"按钮，完全安装 SQL Server 2016，之后单击"下一步"按钮，如图 A.11 所示。

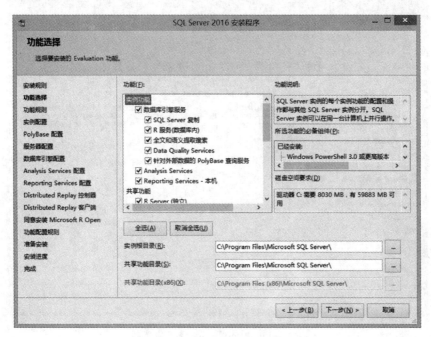

图 A.11 "功能选择"设置页

（12）进入"实例配置"设置页，使用"默认实例"选项即可，之后单击"下一步"按钮，如图 A.12 所示。

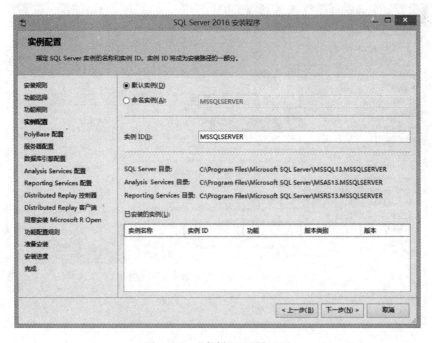

图 A.12 "实例配置"设置页

附录 A

SQL Server 2016 版本介绍

（13）进入"PolyBase 配置"设置页，之后单击"下一步"按钮，如图 A.13 所示。

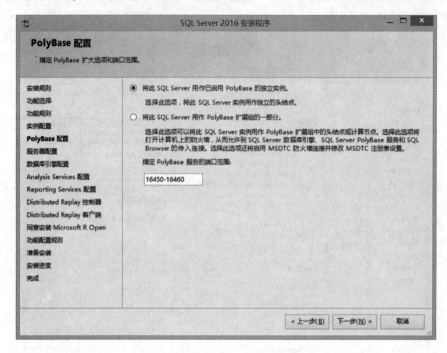

图 A.13 "PolyBase 配置"设置页

（14）进入"服务器配置"设置页，因为都是本地安装，所以默认即可，之后单击"下一步"按钮，如图 A.14 所示。

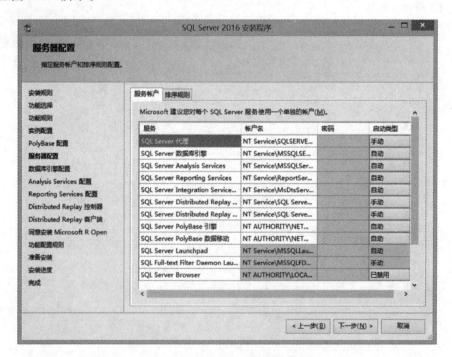

图 A.14 "服务器配置"设置页

（15）进入"数据库引擎配置"设置页，选择"混合模式身份验证"选项，并设置用户 sa 的密码（不允许再设置类似 sa 等简单密码），单击"添加当前用户"按钮，之后再单击"下一步"按钮，如图 A.15 所示。

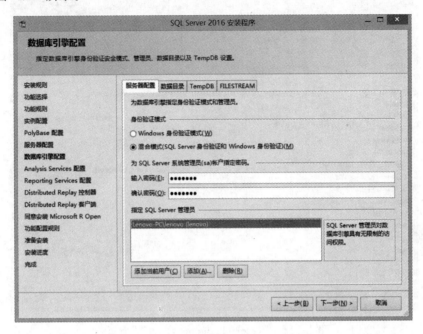

图 A.15　"数据库引擎配置"设置页

（16）进入"Analysis Services 配置"设置页，默认即可，之后单击"下一步"按钮，如图 A.16 所示。

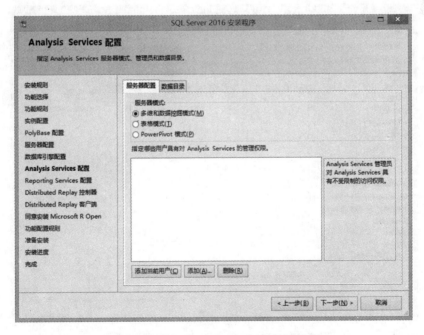

图 A.16　"Analysis Services 配置"设置页

（17）进入"Reporting Services 配置"设置页，选中"安装和配置"选项，之后单击"下一步"按钮，如图 A. 17 所示。

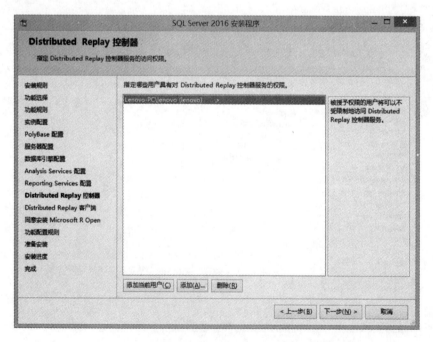

图 A. 17　"Reporting Services 配置"设置页

（18）进入"Distributed Replay 控制器"设置页，单击"添加当前用户"按钮，再单击"下一步"按钮，如图 A. 18 所示。

图 A. 18　"Distributed Replay 控制器"设置页

（19）进入"Distributed Replay 客户端"设置页，单击"下一步"按钮，如图 A.19 所示。

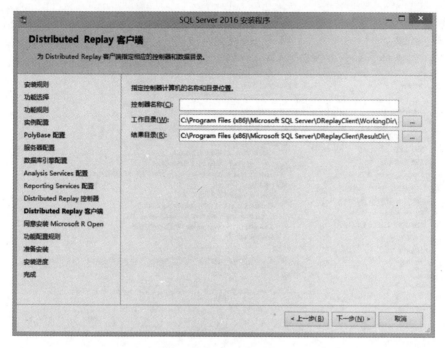

图 A.19 "Distributed Replay 客户端"设置页

（20）进入"同意安装 Microsoft R Open"设置页，单击"接受"按钮，执行过后，"接受"按钮灰显，之后单击"下一步"按钮，如图 A.20 所示。

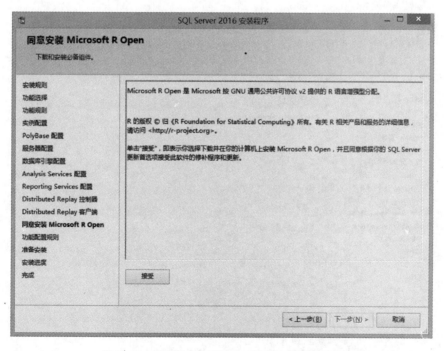

图 A.20 "同意安装 Microsoft R Open"设置页

（21）进入"准备安装"设置页，之后单击"安装"按钮，如图 A.21 所示。

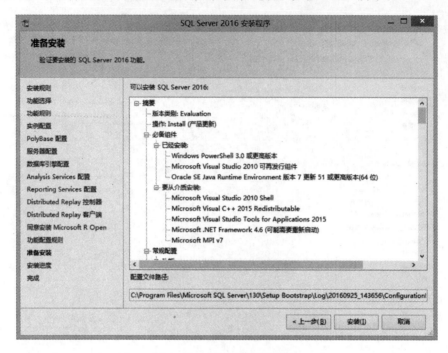

图 A.21 "准备安装"设置页

（22）进入"安装进度"设置页，这需要等待至少十分钟，之后单击"下一步"按钮，如图 A.22 所示。

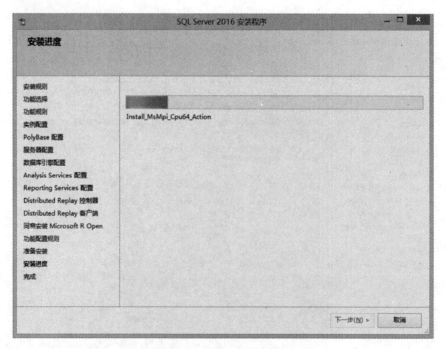

图 A.22 安装进度页截图

（23）如果之前系统卸载过其他版本的 SQL Server 但没有清除干净，或者由于其他的一些原因，系统最终并没有顺利安装结束，而是弹出类似"有挂起"、"需重启"之类的对话框，如图 A.23 所示，那么千万不要单击对话框的"确定"按钮。

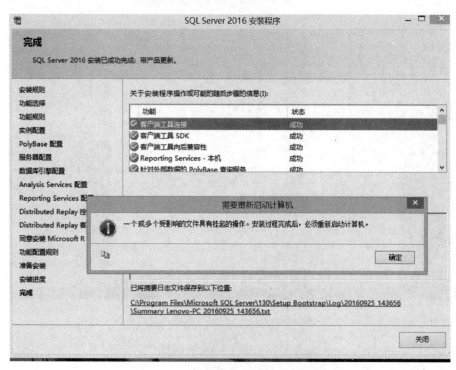

图 A.23　弹出"有挂起"的对话框截图

（24）此时，需要选中"所有程序"→"Windows 系统"→"运行"选项，在弹出的"运行"窗口编辑框里面输入 regedit，打开"注册表编辑器"。在左侧选中 HKEY_LOCAL_MACHINE→SYSTEM→CurrentControlSet→Control→Session Manager，将右侧出现乱码的项选中并删掉，如图 A.24 所示。

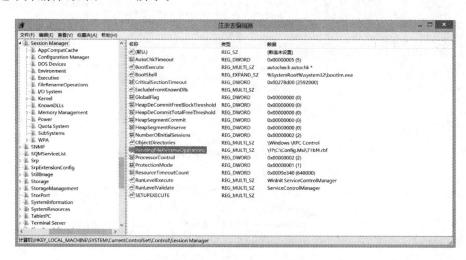

图 A.24　修改注册表效果截图

（25）之后，再单击有挂起字样的对话框，单击"确定"按钮。这样 SQL Server 2016 的主要组件就安装完成了。但是，SQL Server 2016 的安装需要单独安装 Microsoft SQL Server Management Studio（SSMS）等。此时，可以打开 SQL Server 2016 安装向导，如图 A.25 所示。

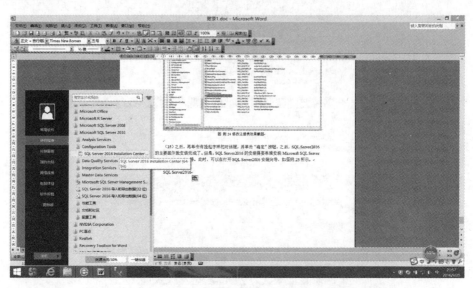

图 A.25　在 SQL Server 2016 中打开安装向导组件效果截图

（26）在弹出的 SQL Server 安装中心页，左侧默认选中"安装"选项，然后在右侧选中"安装 SQL Server 管理工具"选项，如图 A.26 所示。

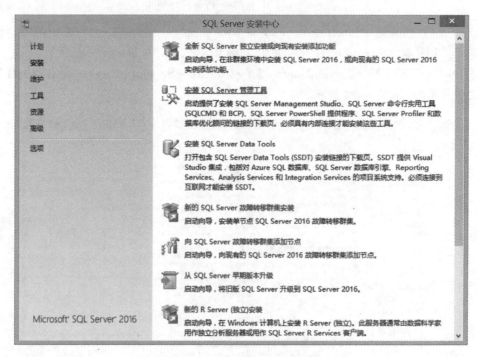

图 A.26　选中安装 SSMS 设置页截图

（27）之后系统会打开下载 SSMS 组件的微软官方网站，然后下载 SSMS 组件至机器。打开此 SSMS 组件进行安装，如图 A.27 所示。

图 A.27　选中并打开 SSMS 安装程序

（28）打开 SSMS 的安装程序，如果类似 360 卫士的防毒软件提示有进程试图改写系统注册表，会增加系统启动项，不要习惯性地选择阻止这些进程，而是要先选择允许运行这些进程，这样，安装才能够顺利进行下去，如图 A.28 所示。

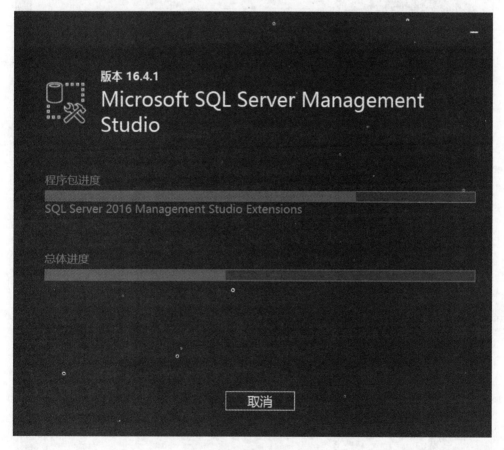

图 A.28　SSMS 安装进程图

待 SSMS 安装成功后，可以选择继续安装 SQL Server Data Tools 等其他组件，或者直接退出安装向导。

成功安装 SSMS 组件之后的 SQL Server 2016 如图 A.29 所示。此处也可看到安装好的其他组件，比如 SQL Server 2016 导入和导出数据（32 位）以及 SQL Server 2016 导入和导出数据（64 位）等。这些都与 SQL Server 2012 有较大区别。

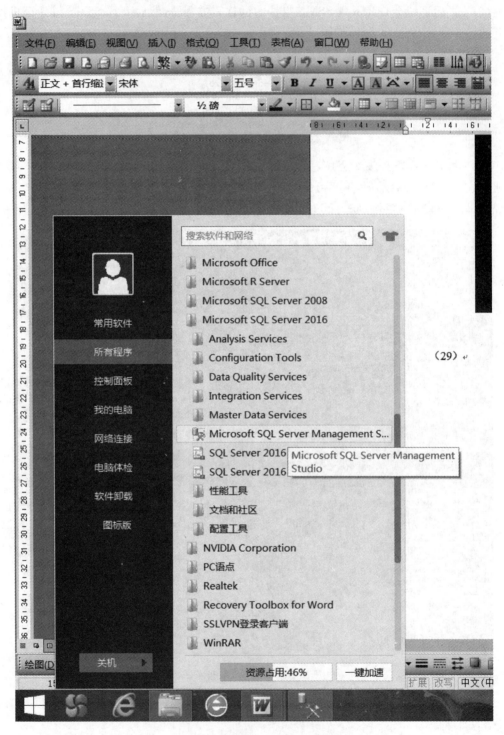

图 A.29　SQL Server 2016 截图

A.2 SQL Server 2016 的基本操作

此处介绍 SSMS 2016 如何在 SQL Server 2016 中管理服务，创建数据库、表、约束，以及使用 SQL 语句等。帮助大家了解使用 SQL Server 2016。

（1）启动 SSMS，如图 A.30 所示。

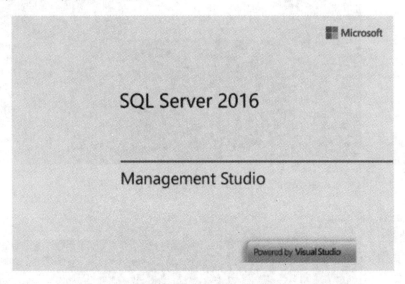

图 A.30 启动 SSMS 组件

（2）使用 SQL Server 身份验证方式连接服务器，如图 A.31 所示。还可以再使用 Windows 身份验证连接服务器，单击左侧的"连接"按钮，如图 A.32 所示。连接效果如图 A.33 所示。在图 A.33 中可观察到单独成组的系统数据库，里面包含着 Master、model、msdb、temtdb 系统数据库，这与 SQL Server 2012 又有很大的区别。

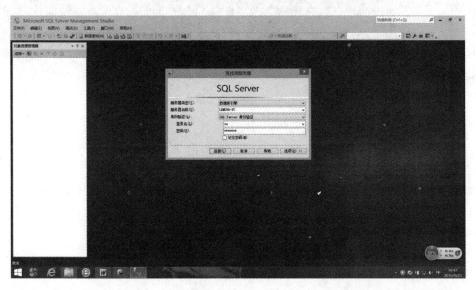

图 A.31 使用 SQL Server 身份验证连接服务器

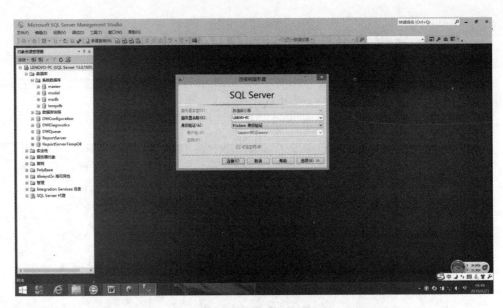

图 A.32　使用 Windows 身份验证连接服务器

图 A.33　SSMS 中连接多个服务器效果截图

（3）新建用户数据库。

在服务器下选中"数据库"选项，并右击，在弹出菜单中选择"新建数据库"选项，如图 A.34 所示。

系统弹出"新建数据库"对话框，在"数据库名称"编辑框中，填入数据库名称 Test，并可在常规、选项和文件组页中分别进行设置，设置结束后，单击"确定"按钮，创建数据库成功。效果如图 A.35 所示。

（4）新建用户数据表，为表加约束等。

展开新建好的 Test 数据库结点，右击表，然后在弹出菜单中选择"新建"→"表"选项，如图 A.36 所示。

图 A.34　新建数据库

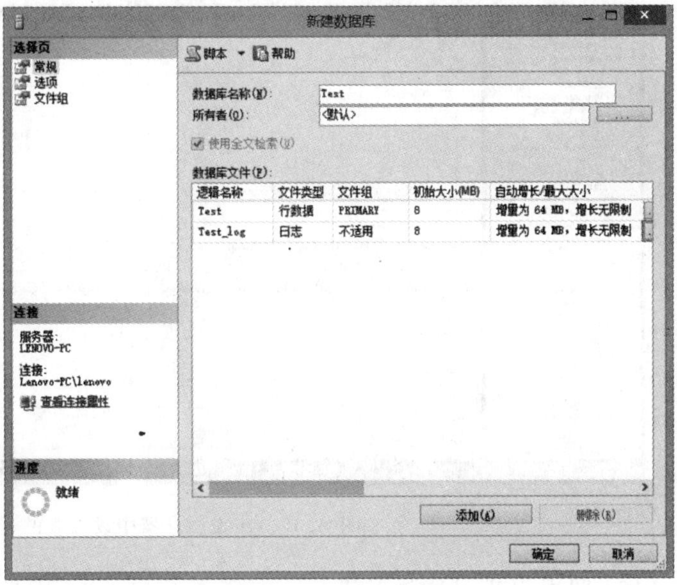

图 A.35　新建数据库 Test 并设置属性效果图

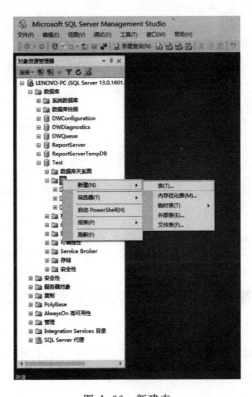

图 A.36　新建表

附
录
A

SQL Server 2016 版本介绍

在表设计器中,编辑表的字段信息,如图 A.37 所示。可在其中直接为表加主键约束等,并最终设置表的名称为 tabelInfo。

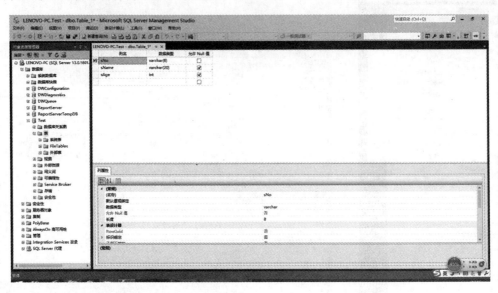

图 A.37　在表设计器中设计表的截图

(5) 使用 SQL 代码编辑器。

单击"新建查询"按钮,打开 SQL 代码编辑器,编辑向表 testInfo 中插入数据并查询的代码,如图 A.38 所示。

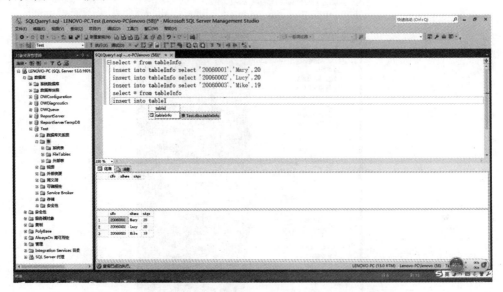

图 A.38　在 SQL 编辑器中编辑 SQL 代码测试效果截图

在这里可以发现,SQL Server 2016 提供给用户的 SQL 代码编辑器更加智能化,不仅有网格帮助用户规划格式,还有更智能的代码对象提示功能。

附录 B SQL Server 2000 至 SQL Server 2016 的主要数据库特性对照表

数据库版本名称	主 要 功 能	新 增 特 性
SQL Server 2000	(1) 算法成熟的商用数据库。 (2) 可用于大型联机事务处理、数据仓库以及电子商务等。 (3) 提供真正的客户机/服务器体系结构服务。 (4) 图形化用户界面。 (5) 丰富的编程接口工具。 (6) SQL Server 与 Windows NT 完全集成。 (7) 具有很好的伸缩性。 (8) 对 Web 技术的支持。 (9) SQL Server 提供数据仓库功能	(1) 支持 XML (Extensive Markup Language)。 (2) 具有完全的 Web 功能,与 Internet 有机结合。 (3) 能够访问关系数据库、非关系数据库等复杂数据。 (4) 具有大型分布式数据库功能。 (5) 开始提供数据仓库功能
SQL Server 2005	(1) 全面的数据库平台,使用集成的商业智能 (BI) 工具提供企业级的数据管理。 (2) 为关系型数据和结构化数据提供更安全可靠的存储功能。 (3) 企业数据管理解决方案的核心。结合分析、报表、集成和通知功能。 (4) 与 Microsoft Visual Studio、Microsoft Office System 以及新的开发工具包(包括 Business Intelligence Development Studio) 的紧密集成	(1) 加强的 T-SQL (事务处理 SQL)。 (2) CLR (Common Language Runtime,通用语言运行时),可以在数据库管理系统中执行.NET 代码。 (3) 服务代理 (Service Broker) 大大扩展了数据驱动应用程序的性能,以符合工作流或者客户业务需求。 (4) 数据加密,开始支持对用户自定义数据库中存储的数据进行加密的功能。 (5) SMTP 邮件,微软通过合并 SMTP 邮件提高了自身的邮件性能。 (6) HTTP 终端,实现轻松的后台数据访问。 (7) 多活动结果集 (Multiple Active Result Sets,简称 MARS),多活动结果集允许从单个的客户端到数据库保持一条持久的连接,以便在每个连接上拥有超过一个的活动请求。 (8) 专用管理员连接,允许数据库管理员对 SQL Server 发起单个诊断连接。 (9) SQL Server 综合服务 (SSIS),满足复杂的数据移动需求。 (10) 数据库镜像

数据库版本名称	主 要 功 能	新 增 特 性
SQL Server 2008	(1) 可以组织管理任何类型数据。可以将结构化、半结构化甚至非结构化的数据直接存储到数据库中。允许对数据进行查询、搜索、同步、报告和分析等。数据能够存储在各种设备上：大型服务器、个人计算机和移动设备，并被同步协调管理。 (2) 允许在使用 Microsoft .NET 和 Visual Studio 开发的自定义应用程序中使用数据，在面向服务的架构（SOA）和通过 Microsoft BizTalk Server 进行的业务流程中使用数据。信息工作人员可以通过日常使用的工具直接访问数据	(1) SQL Server 集成服务。 (2) 分析服务得到很大改进。 (3) 报表服务得到很大改进。 (4) 可以与 Office2007 有效结合。 (5) 增强了 T-SQL 语言语法。 (6) 提供新的功能，例如安装、数据加密、热添加 CPU、审计、数据压缩、新的资源管理器 SSMS、性能数据收集等
SQL Server 2012	(1) 延续以往数据平台的强大能力，全面支持云技术与平台。 能够快速构建解决方案实现私有云与公有云之间数据的扩展与应用的迁移。 (2) 提供对企业基础架构最高级别的支持——专门针对关键业务应用的多种功能与解决方案可以提供最高级别的可用性及性能。 (3) 提供了更多更全面的功能以满足不同人群对数据以及信息的需求，包括支持来自于不同网络环境的数据的交互。 (4) 全面的自助分析等创新功能。 (5) 针对大数据以及数据仓库，提供从数 TB 到数百 TB 的端到端的解决方案	(1) AlwaysOn 功能增强了数据库镜像功能，用户可以成组地恢复灾难数据库。 (2) Windows Server Core 支持命令行界面的 Windows，节省资源，更安全。 (3) Columnstore 索引，为数据仓库查询设计的只读索引。数据可以以扁平化的压缩形式存储，减少了 I/O 和内存的使用。 (4) 自定义服务器权限，DBA 可以同时创建数据库和服务器的权限。 (5) 增强的审计功能。 (6) BI 语义模型，支持所有 BI 体验的混合数据模型。 (7) Sequence Objects，用对象实现的自增序列。 (8) 增强的 PowerShell 支持。 (9) 分布式回放，自带的记录生成环境状况功能。 (10) PowerView，自主 BI 工具，可以让用户创建 BI 报告。 (11) SQL Azure 增强。 (12) 支持大数据
SQL Server 2014	(1) 内存 OLTP，提供部署到核心 SQL Server 数据库中的内存 OLTP 功能。 (2) 内存可更新的 ColumnStore：提供更好的数据仓库功能。 (3) 将内存扩展到 SSD，通过将 SSD 作为数据库缓冲池扩展，将固态存储无缝且透明地集成到 SQL Server 中，从而提高内存处理能力和减少磁盘 IO。 (4) 增强的高可用性，新 AlwaysOn 功能、改进了在线数据库操作、加密备份、IO 资源监管、增强的混合方案	(1) 关键业务性能，最新的内置内存技术将处理速度平均提速 10 倍，并且无需重写整个应用，可以充分利用 SQL Server 的各项功能。其主要功能包括：全新的内存 OLTP、针对数据仓库而改善内存列存储技术、通过 PowerPivot 实现内存 BI、缓冲池可扩展至 SSD，改善查询的处理。 (2) 通过任何数据更快速获得洞察力，包括轻松访问或大或小的各种数据、通过熟悉的工具获得强大的洞察力、完善的 BI 平台。 (3) 混合云搭建，包括混合云解决方案、轻松迈入云端、完善且一致

数据库版本名称	主 要 功 能	新 增 特 性
SQL Server 2016	(1) 更快速的查询 (2) 更好的安全性。 (3) 更高的可用性。 (4) 改进的数据库引擎。 (5) 广泛的数据访问。 (6) 更多的分析。 (7) 更好的报告。 (8) 改进的 Azure SQL 数据库。 (9) 使用 Azure SQL 数据仓库扩大用户的选择	(1) 全程加密技术(Always Encrypted)。 (2) 动态数据屏蔽(Dynamic Data Masking)。 (3) JSON 支持。 (4) 多 TempDB 数据库文件。 (5) PolyBase,支持查询分布式数据集。 (6) 更新的 Query Store。 (7) 行级安全(Row Level Security),用户在查询包含行级安全设置的表时,得到的查询数据是已经过滤后的部分数据。 (8) SQL SERVER 支持 R 语言,针对大数据使用 R 语言做高级分析的功能。 (9) Stretch Database 提供了把内部部署数据库扩展到 Azure SQL 数据库的途径。 (10) 历史表(Temporal Table),历史表会在基表中保存数据的旧版本信息

SQL Server 2000 至 SQL Server 2016 的主要数据库特性对照表

参 考 文 献

[1] 郭道扬.会计史研究.北京：中国财政经济出版社,2008.

[2] 虞益诚,孙莉.SQL Server 2000 数据库应用技术.北京：中国铁道出版社,2006.

[3] 王珊,萨师煊.数据库系统概率(第四版).北京：高等教育出版社,2006.

[4] 赵杰等.数据库原理及应用(SQL Server).北京：人民邮电出版社,2006.

[5] 常本勤,徐洁磐.数据库技术原理与应用教程.北京：机械工业出版社,2009.

[6] 刘智勇,刘径舟.SQL Server 2008 宝典(电子书).北京：电子工业出版社,2011.

[7] 姚世军.Oracle 数据库原理及应用.北京：中国铁道出版社,2011.

[8] (美)贺特克著.SQL Server 2008 从入门到精通.潘玉琪译.北京：清华大学出版社,2011.

[9] 闵娅萍.从 ODBC 到 ADO.NET.福建电脑,2004(10)：46-48.

[10] (美) David Sceppa. ADO.NET 技术内幕.北京：清华大学出版社,2003.

[11] 李芝兴.Java 程序设计之网络编程.北京：清华大学出版社,2006.

[12] Barbara Liskov, John Guttag. Program development in Java. New York：Transaction Publishers, 2007.16-18.

[13] Stacia Varga, Denny Cherry, Joseph D'Antoni. Introducing Microsoft SQL Server 2016 Mission-Critical Applications，Deeper Insights，Hyperscale Cloud. Washington：Microsoft Press,2016.

图书资源支持

感谢您一直以来对清华版图书的支持和爱护。为了配合本书的使用,本书提供配套的素材,有需求的用户请到清华大学出版社主页(http://www.tup.com.cn)上查询和下载,也可以拨打电话或发送电子邮件咨询。

如果您在使用本书的过程中遇到了什么问题,或者有相关图书出版计划,也请您发邮件告诉我们,以便我们更好地为您服务。

我们的联系方式:

地　　址:北京海淀区双清路学研大厦 A 座 707

邮　　编:100084

电　　话:010-62770175-4604

资源下载:http://www.tup.com.cn

电子邮件:weijj@tup.tsinghua.edu.cn

QQ:883604(请写明您的单位和姓名)

用微信扫一扫右边的二维码,即可关注清华大学出版社公众号"书圈"。

扫一扫
资源下载、样书申请
新书推荐、技术交流